物联网关键技术及其数据处理研究

林聿中　张国基　张政国 ◎ 著

北京工业大学出版社

图书在版编目（CIP）数据

物联网关键技术及其数据处理研究 / 林聿中，张国
基，张政国著 . — 北京 ：北京工业大学出版社，2018.12（2021.5 重印）
ISBN 978-7-5639-6748-3

Ⅰ．①物… Ⅱ．①林… ②张… ③张… Ⅲ．①互联网
络－应用－研究②智能技术－应用－研究③数据处理－研
究 Ⅳ．① TP393.4② TP18③ TP274

中国版本图书馆 CIP 数据核字（2019）第 024557 号

物联网关键技术及其数据处理研究

著　　者：林聿中　张国基　张政国
责任编辑：刘卫珍
封面设计：点墨轩阁
出版发行：北京工业大学出版社
　　　　　　（北京市朝阳区平乐园 100 号　邮编：100124）
　　　　　　010-67391722（传真）　bgdcbs@sina.com
经销单位：全国各地新华书店
承印单位：三河市明华印务有限公司
开　　本：787 毫米×1092 毫米　1/16
印　　张：13
字　　数：260 千字
版　　次：2018 年 12 月第 1 版
印　　次：2021 年 5 月第 2 次印刷
标准书号：ISBN 978-7-5639-6748-3
定　　价：59.80 元

前　言

随着国家对物联网产业的重视，物联网已经被提升到国家经济发展的重要地位，对国家信息化和智能化的发展起到了关键作用，其已经被列入国家信息产业的重要战略发展规划，将对实体经济和人们生活水平的提高做出重要贡献。物联网就是物与物相连接的网络，也要通过互联网来实现。物联网作为当前世界各国新一轮科技发展的制高点，已成为国家产业发展的重要战略。近年来物联网在关键技术研发、重点领域突破等方面均取得长足进展，其已经成为新型智慧城市的重要基础设施。

物联网是新一代信息技术的重要组成部分，也是信息化时代发展的重要标志。顾名思义，物联网就是物物相连的互联网。物联网的核心和基础仍然是互联网，是在互联网基础上延伸和扩展的网络。其用户端延伸和扩展到了任何物品，使物品与物品之间进行信息交换和通信，也就是物物相息。物联网将智能感知、识别技术与普适计算等通信感知技术，广泛应用于网络的融合中，也因此物联网被称为继计算机、互联网之后世界信息产业发展的第三次浪潮。物联网是互联网的应用拓展，与其说物联网是网络，不如说物联网是业务和应用。因此，应用创新是物联网发展的重要方面，以用户体验为核心的创新 2.0 是物联网发展的灵魂。

鉴于此，本书以"物联网关键技术及其数据处理研究"为题，共设六章。第一章从物联网及其产业发展、物联网发展现状和物联网系统基础进行详细论述。第二、第三章从物联网体系架构和物联网自动识别与传感器技术的维度对物联网关键技术进行深入探索。第四、第五章围绕物联网传输层技术、物联网软件及其中间件技术方向对物联网技术与数据处理层面进行细致分析。第六章从物联网数据处理及信息安全技术视角进行探索。

笔者在撰写本书过程中，秉持着科学性、实用性和创新性的原则以物联网发展为背景对当前物联网关键技术和数据处理展开深入探析。致力于构建一种利用智能化手段将物与物、人与物有效结合到一起的新型网络。

笔者在撰写本书过程中，得到该领域专家学者的帮助，在此，特向这些专家学者表示深深的谢意。由于本人水平有限，加之时间仓促，书中难免出现疏漏之处，敬请广大读者批评指正。

目　录

第一章　导　论

随着新一代信息技术快速发展，物联网已成为各国构建经济社会发展新模式和重塑国家长期竞争力的先导领域，不但具有重要的战略意义，而且具有广阔的拓展前景；同时物联网产业也是未来国民经济的重要助推器。本章以物联网及其产业发展为切入，分析物联网发展现状，解读物联网系统基础。

第一节　物联网及其产业发展

一、物联网概述

物联网（Internet of Things）是指通过传感器、射频识别（Radio Frequency Identification，RFID）、全球定位系统等设备和技术，实时采集任何需要监控、连接、互动的物体或过程，采集其声、光、热、电、力学、化学、生物、位置等各种需要的信息，通过各种可能的网络接入，实现物与物、物与人的泛在链接，实现对物品和过程的智能化感知、识别和管理。

物联网中的"物"能够被纳入物联网的范围是因为它们具有接收信息的接收器；具有数据传输通路。有的物体需要有一定的存储功能或者相应的操作系统；部分专用物联网中的物体有专门的应用程序，可以发送接收数据。传输数据时遵循物联网的通信协议，物体接入网络中需要具有世界网络中可被识别的唯一编号。

物联网通俗地讲是指将无处不在的末端设备和设施，如贴上射频识别的各种资产、携带无线终端的个人与车辆等"智能化物件或动物"或"智能尘埃"，通过各种无线和/或有线的长距离和/或短距离通信网络实现互联互通（M2M）、应用大集成以及基于云计算的软件即服务（Software as a Service，SaaS）营运等模式，在内网（Intranet）、专网（Extranet）和/或互联网（Internet）环境下，采用适当的信息安全保障机制实现对"万物"的"高效、节能、安全、环保"的"管、控、营"一体化。2009年9月，在北京举办的物联网与企业环境中欧研讨会上，欧盟委员会信息和社会媒体司射频识别部门负责人洛伦茨·芬勒里克斯（Lorent Fenlerix）博士给出了欧盟对物联网的定义：物联网是一个动态的全球网络基础设施，它具有基于标准和互操作通信协议的自组织能力，其中物理的和虚拟的"物"具有身份标识、物理属性、虚拟的特性和智能的接口，并与信息网络无缝整合。物联网将与媒体互联网、服务互联网和企业互联网共同构成未来互联网。

二、物联网的特点分析

物联网要将大量物体接入网络并进行通信活动，对各物体的全面感知是十分重要的。全面感知是指物联网随时随地获取物体的信息。要获取物体所处环境的温度、湿度、位置、运动速度等信息，就需要物联网能够全面感知物体各种需要考虑的状态。全面感知就像人身体系统中的感觉器官，眼睛收集各种图像信息，耳朵收集各种音频信息，皮肤感觉外界温度等。所有"器官"共同工作，才能够对所处的环境条件进行准确的感知。物联网中各种不同的传感器如同人体的各种器官，对外界环境进行感知。物联网通过射频识别、传感器、二维条码等感知设备对物体各种信息进行感知获取。

可靠传输对整个网络的高效正确运行起到了很重要的作用，是物联网的一项重要特征。可靠传输是指物联网通过对无线网络与互联网的融合，将物体的信息实时准确地传递给用户。获取信息是为了对信息进行分析处理，从而进行相应的操作控制，将获取的信息可靠地传输给信息处理方。可靠传输在人体系统中相当于神经系统，把各器官收集到的各种不同信息进行传输，传输到大脑中方便人脑做出正确的指示。同样也将大脑做出的指示传递给各个部位进行相应的改变和动作。

在物联网系统中，智能处理部分将收集来的数据进行处理运算，然后做出相应的决策，来指导系统进行相应的改变，它是物联网应用实施的核心。智能处理指利用各种人工智能、云计算等技术对海量的数据和信息进行分析和处理，对物体实施智能化监测与控制。智能处理相当于人的大脑，根据神经系统传递来的各种信号做出决策，指导相应器官进行活动。

第二节 物联网发展现状

一、物联网的发展溯源

1999 年美国麻省理工学院（MIT）成立的自动识别技术中心，提出了基于射频识别的物联网的概念。

2005 年 11 月 17 日，在突尼斯举行的信息社会世界峰会（WSIS）上，国际电信联盟（ITU）发布《ITU 互联网报告 2005：物联网》。该报告指出，无所不在的物联网通信时代即将来临，世界上所有的物体从轮胎到牙刷、从房屋到纸巾都可以通过互联网主动进行信息交换。射频识别技术、传感器技术、纳米技术、智能嵌入技术将得到更加广泛的应用。

根据国际电信联盟的描述，在物联网时代，通过在各种各样的日常用品上嵌入一种短距离的移动收发器，人类在信息与通信世界里将获得一个新的沟通维度，从任何时间、任何地点的人与人之间的沟通连接扩展到人与物、物与物之间的沟通连接。物联网概念的兴起，很大程度上得益于 2005 年国际电信联盟以物联网为标题的年度互联网报告。

随着物联网的提出，世界各国均提出了自己的发展策略。2004 年日本提出 "u-Japan" 构想，并且表示希望建设成一个 "任何时间、任何地点、任何物体、任何人"（Anytime、Anywhere、Anything、Anyone）都可以上网的环境。同年，韩国政府制定了 "u-Korea" 战略，为呼应 "u-Korea" 这一战略，韩国信通部发布了《数字时代的人本主义：IT839 战略》。

2009 年 1 月，IBM 首席执行官彭明盛提出 "智慧地球" 构想，其中物联网为 "智慧地球" 不可或缺的一部分，而时任美国总统的奥巴马在就职演讲后已对 "智慧地球" 构想提出积极回应，并提升到国家级发展战略。

2009 年 11 月，欧盟提出《欧盟物联网行动计划》，制定了一系列物联网管理规则，建立了有效的分布式管理架构，涉及药品、能源、物流、制造、零售等行业。

在我国，2009 年 8 月，温家宝总理访问中科院无锡高新微纳传感网工程技术研发中心时，提出要在激烈的国际竞争中，迅速建立中国的传感信息中心，或者叫 "感知中国中心"。同年 11 月 3 日，在《让科技引领中国可持续发展》的讲话中，温家宝总理再次提出，要着力突破传感网、物联网的关键技术，及早部署后 IP 时代相关技术研发，使信息网络产业成为推动产业升级、迈向信息社会的 "发动机"。在 2011 年政府工作报告中，温家宝总理再次提出，要加快构建现代产业体系，推动产业转型升级，要加快培育发展战略性新兴产业。积极发展新一代信息技术产业，促进物联网示范应用。

"感知中国"是中国发展物联网的一种形象称呼，就是中国的物联网。通过在物体上植入各种微型感应芯片使其智能化，然后借助无线网络，实现人和物体之间的"对话"、物体和物体之间的"交流"。全国各地在最近几年纷纷开展关于物联网的一系列建设。

2009年11月1日，北京40余家物联网产业相关企业和大学、科研院所等发起成立中关村物联网产业联盟，半年内就在应用示范、产业研究、产业促进等方面取得了显著效果。继中关村物联网产业联盟"呱呱坠地"之后，北京物联网产业界在加速跑中又有新突破：2010年7月9日，北京物联网关键应用技术工程研究中心揭牌成立，中心旨在通过"强强联合"，力求形成"产、学、研、用"一体的产业链合作创新机制，在物联网的关键应用领域实现技术创新突破。这标志着中关村物联网产业联盟成员间的合作进入新的阶段，同时也为政府加快推动物联网产业发展提供了着力点。北京是物联网高端研发和应用的聚集区，在北京奥运会、国庆60周年等多层面、多领域积极探索利用物联网技术，实现了多项成功示范应用。

2010年5月，江苏省公布了《江苏省物联网产业发展规划纲要（2009—2012年）》，提出发展物联网产业要"举全省之力"。以举省发展一大产业，使得物联网产业地位迅速提高，超越了经济发展方式转变中的其他五大战略性新兴产业。江苏省力争用3~6年的时间，建设成为物联网领域技术、产业、应用的先导省。江苏省把传感网列为全省重点培育和发展的六大新兴产业之一，并提出"要努力突破核心技术，加快建立产业基地"，发展物联网按照"一个产业核心区、两个产业支撑区、全省应用示范先行区"的发展思路进行。其中，以无锡为产业核心区，苏州、南京为产业支撑区，构筑物联网产业基地，并面向全省建设应用示范先行区。

2010年11月8日，上海物联网产业联盟正式宣布成立。该联盟整合与协调物联网产业，提升联盟内感知、传输、网络、集成、应用等企业的研究开发和生产制造，促进物联网产业快速健康发展，以及在上海市场和将来在全国市场的推广；发布《上海市促进电子商务发展规定》，依托信息技术，加快实现制造业与物流业的对接联动；以物联网建设为重点，推进射频识别、GPS、GIS、无线测控、数字集群、传感网络等技术在物联网中的应用。

2011年4月21日，重庆市28家物联网相关企业、单位和大专院校组建成立重庆物联网产业发展联盟，为重庆物联网发展"铺路架桥"，以便在2015年实现产出1 500亿元的目标。近年来，重庆围绕物联网产业的发展做了大量工作，并已取得了初步成效，中国物联网基地已相继落户重庆，重庆市政府出台了《重庆市人民政府关于加快推进物联网发展的意见》。

广东省积极参与物联网国家标准的制定，推进射频识别技术应用和产业发展，加强粤港澳射频识别应用合作，促进粤港澳物流业务融合和通关便利化，同时计划 5 年构建物联网数字家园。2011 年 4 月广东省物联网应用产业基地盛大启动，这将加快射频识别、传感器、云计算等物联网关键技术的研究和引进。随之推动智慧家具商贸、家电全生命周期管理平台、大宗物流配送等重点工程建设，最终推进物联网发展。

物联网为我们展示了生活中任何物品都可以变得"有感觉、有思想"的智能图景，是世界下一次信息技术的浪潮和新经济引擎。在我国，物联网已经成为国家发展战略，并且初步明确了未来的发展方向和重点领域。相关部门正在着手制定相关财政、金融政策和法规以确保物联网发展体制的有效性。我国企业正在随着国家的快速发展，持续提升竞争力和国际影响力，对物联网的需求逐步呈现。随着企业对信息化方面认知的提高，经济支付能力也将有所增强。

二、物联网产业链发展

我国的物联网产业链主要以集成商为主，运营商在其中只是管道，集成商又分布在各个行业、地域中。同样的模式在不同的行业、地域被不同的集成商控制。

若将整体产业链按价值分类，硬件厂商的价值较小，传感器 / 芯片厂商加上通信模块提供商约占整体产业价值的 15%，电信运营商提供的管道约占整体产业价值的 15%，剩下 70% 的市场价值均由系统集成商 / 服务提供商 / 中间件及应用商分享，而这些占产业价值大头的公司通常都集多种角色为一体，以系统集成商的角色出现。

从目前的表现来看，运营商竭力在向两端延伸价值，但产业链的演变不是以运营商的意志为转移的，运营商可以在其中努力扩大产业链的自身价值，通过构建 M2M 平台和模块 / 终端标准化来逐步实现，但在实际的商业模式中，要让广大的集成商使用运营商标准的模块和平台，必须价值让利，通过模块的补贴、定制、采集逐步让集成商接纳运营商的标准，进而将行业应用数据流逐步迁移到运营商的平台上。运营商在产业链中的商机主要有以下几个方面。

首先，在网络侧，分析 M2M 对网络的影响和适配，将 M2M 通信的行业特性提炼出来，如服务质量（Quality of Service，QoS）和安全等特性打包再

卖给行业应用商 / 行业集成商，使得网络的通达、质量可以定制化，但该类商机会有一个很长的孵化过程，通俗地讲，等到现有公网在实现 M2M 通信时需要依赖运营商控制的时候才有大量的商机涌现（M2M 行业应用对网络的依赖性变得更强）。

其次，运营商的商机在通过平台的数据流上，因为数据流通过运营商的平台，运营商可以根据企业应用的具体场景和模式逐步地把现有的通信增值应用进行叠加，如彩信、短信通知、呼叫中心的外包等，再进一步对部分信息做二次提炼和处理，生产其他有价值的信息再转售，但这类商机也需要时间和努力。

以上两类商机均需要运营商以平台和标准得到规模应用为前提。运营商其他的商机主要是基于管道的数据包套餐等，基于流量付费，属于纯管道费用，目前运营商主要依靠这类来实现收入，并且在较长的一段时期内仍然会是 M2M 的主要收入来源。

产业链上的其他环节商机则相对简单，随着物联网、M2M 产业规模的扩大，提供传感器 /M2M 模块 /M2M 网关 / 智能行业终端等的生产厂家将获益，但目前规模化在全球均是难题。

系统集成商在未来将会有部分利益被运营商分享，但仍然是行业应用的主要力量之一。作为最终用户的政府、企业、个人而言，通过物联网基本不能带来收入上的增加，更多的是通过信息远程控制达到提升生产效率、降低生产成本、实现节能减排等目的。

从物联网市场来看，全球物联网仍然属于新兴市场，据统计，2009 年 M2M 模块的全球发货量只有 4 000 万片，其中我国 400 万 ~ 500 万片，约占全球的 10%，国际上欧洲、美国、日本、韩国等物联网的发展时间都比我国长，但从目前的规模来看，虽然整体物联网市场增长较快，但总体规模并不大，日本 M2M 模块的存量市场约 500 万片，欧洲和美国的发展也不尽如人意。M2M 模块厂商也未创造出巨大的销售量，而欧美的运营商更多仍然依靠无线蜂窝网作为管道在保持 M2M 的收入，整体物联网产业仍然属于新兴市场，需要逐步培育。

尽管短期来看，物联网市场仍然需要时间来培育，但众多的参与者均看好物联网未来的潜力。就数量而言，全球可用于联网的机器和传感器数量远远大于人口数量，且随着全球经济和信息科技的快速发展，生产资料及机器的远程控制越来越重要，众多的参与者都希望通过前期的涉足逐步扩大影响力，在产业链中站稳脚跟，以便在未来的物联网"大蛋糕"中拥有一席之地。

物联网被大多数人寄予厚望，并被认为是继互联网后又一波信息浪潮，并且市场规模要远远大于互联网，但互联网面对的是大众市场，而物联网真正面对的主要是行业 / 企业市场。行业市场的标准化和壁垒性注定了物联网市场需要经过一个艰难而漫长的发展过程，任何企业在其中要想做到规模可复制均要花费大量的人力、物力及耐心，但面对这样一个极其有诱惑力的未来前景市场，是值得去长期跟踪、研究和尝试的。

物联网发展以来，业内人士几乎都认定，物联网产业链将会依次登场，这些潜在的发展空间将改变世界，我们将生活在一个真正意义上的物联网地球村。

美国咨询机构弗雷斯特（Forrester）预测，到 2020 年，世界上物物互联的业务，与人与人通信的业务相比，将达到 30 : 1。

届时，物联网的产业链几乎可以包容与现在信息技术和信息产业相关的各个领域。现阶段涉及传感器件、无线通信、信息安全和基于海量数据的分析优化，而在未来，当主动感知、数据处理后回馈控制等应用大规模兴起后，智能终端将更为广泛，进一步结合嵌入式系统和云计算技术，这无疑将成为半导体设计、制造和 IT 信息服务等行业的巨大福音。

三、物联网技术发展

物联网的发展离不开相关技术的发展，技术的发展是物联网发展的重要基础和保障。感知层是物联网发展的关键环节和基础部分。感知层涉及的主要技术包括资源寻址与产品电子编码（Electronic Product Code，EPC）技术、射频识别技术、传感技术、无线传感器网络技术等。产品电子编码技术解决物品的编码标准问题，使得所有物联网中的物体都有统一的 ID。射频识别技术解决物品标识问题，可以快速识别物体，并获取其属性信息。传感器完成的任务是感知信息的采集。无线传感器网络完成了信息的获取和上传，实现了无线短距离通信。通过这些技术，实现物体的标识与感知，为物联网的应用和发展提供基础。

物联网传输层可分为汇聚网、接入网和承载网三部分。汇聚网关键技术主要是短距离通信技术，如 ZigBee、蓝牙和 UWB 等技术。接入网主要采用6LoWPAN、M2M 及全 IP 融合架构实现感知数据从汇聚网到承载网的接入。承载网主要是指各种核心承载网络，如 GSM、GPRS、WiMax，3G/4G、WLAN、三网融合等。

物联网应用层关键技术包括中间件技术、对象名解析服务、云计算技术、物联网业务平台等。物联网中间件处于物联网的集成服务器端和感知层、传输层的嵌入式设备中，对感知数据进行校对、过滤、汇集，有效地减少发送到应用程序的数据的冗余度，在物联网中起着很重要的作用。对象名解析服务是联系前台中间件软件和后台服务器的网络枢纽，将产品电子编码关联到物品相关的物联网资源。云计算技术是构建物联网运营平台的关键技术，云计算是基于网络将计算任务分布在大量计算机构成的资源池上，使用户能够借助网络按需获取计算力、存储空间和信息服务。物联网业务平台主要针对物联网不同业务，研究其系统模型、体系架构等。随着物联网发展进入物物互联阶段，由于其设备数量庞大、复杂多元、缺少有效监控、节点资源有限、结构动态离散，安全问题日渐突出，除面对互联网和移动通信网络的传统网络安全挑战之外，还存在着一些特殊安全挑战。

第三节　物联网系统基础概述

一、物联网系统的处理基础结构

（一）感知层基础

感知层在物联网中的作用，如同人的感觉器官对人体系统的作用，用于感知外界环境的温度、湿度、压强、光照、气压、受力情况等信息，通过采集这些信息来识别物体。感知层包括传感器、射频识别、产品电子编码等数据采集设备，也包括在数据传送到接入网关之前的小型数据处理设备和传感器网络。感知层主要实现物理世界信息的采集、自动识别和智能控制。感知层是物联网发展的关键环节和基础部分。作为物联网应用和发展的基础，感知层涉及的主要技术包括射频识别技术、传感和控制技术、短距离无线通信技术以及对应的射频识别天线阅读器研究、传感器材料技术、短距离无线通信协议、芯片开发和智能传感器节点等。

作为一种比较廉价实用的技术，一维条码和二维条码在今后一段时间还会在各个行业中得到一定应用。然而，条码表示的信息是有限的，而且在使用过程中需要用扫描器以一定的方向近距离地进行扫描，这对于未来物联网中动态、快读、大数据量以及有一定距离要求的数据采集、自动身份识别等有很大的限制，因此基于无线技术的射频标签发挥了越来越重要的作用。

传感器作为一种有效的数据采集设备，在物联网感知层中扮演了重要角色。现在传感器的种类不断增多，出现了智能化传感器、小型化传感器、多功能传感器等新技术传感器。基于传感器而建的传感器网络也是目前物联网发展的一个大方向。

（二）传输层基础

传输层相当于人的神经系统。神经系统将感觉器官获得的信息传递到大脑进行处理，传输层将感知层获取的各种不同信息传递到处理中心进行处理，使得物联网能从容应对各种复杂的环境条件。目前物联网传输层都是基于现有的通信网和互联网建立的，包括各种无线、有线网关，以及接入网和核心网，主要实现感知层数据和控制信息的双向传递、路由和控制。通过对有线传输系统和无线传输系统的综合使用，结合 6LoWPAN、ZigBee、蓝牙（Bluetooth）、UWB 等技术实现以数据为中心的数据管理和处理，也就是实现对数据的存储、查询、挖掘、分析以及针对不同应用的数据进行决策和分析。

物联网传输层技术主要是基于通信网和互联网的传输技术，传输方式分为有线传输和无线传输。这两种通信方式对物联网产业来说同等重要，起着互相补充的作用。

有线传输可分为中、长距离的广域网络（包括 PSTN、ADSL 和 HFC 数字电视 Cable 等），短距离的现场总线（Field Bus，也包括电力线载波等技术）。

无线传输也可分为长距离的无线广域网（WWAN），中、短距离的无线局域网（WLAN），超短距离的无线个域网（Wireless Personal Area Network，WPAN）。

传感网主要由无线局域网或无线个域网技术作为支撑，同时结合了传感器技术。传感器和传感网二合一的射频识别的传输部分也是属于无线局域网或无线个域网。

移动通信经历了 1 G、2 G、3 G 时代，各自的代表性技术为模拟移动网，GSM，CDMA2000、WCDMA、TD-SCDMA 等，这些技术在物联网中被广泛应用。

（三）应用层基础

物联网把周围世界中的人和物都联系在网络中，应用涉及广泛，包括家居、城市、环保、交通、医疗、农业、物流等方面。交通方面涉及面向公共交通工具、基于个人标识自动缴费的移动购票系统，环境监测系统以及电子导航地图；医疗方面涉及医疗对象的跟踪、身份标识和验证、身体症状感知以及数据采集系统；工控与智能楼宇方面涉及舒适的家庭 / 办公环境的智能控制、工厂的智能控制、博物馆和体育馆的智能控制；基于位置的服务方面涉及人与人之间实时交互的网络、物品轨迹或人的行踪的历史查询、遗失物品查找以及防盗等。

物联网应用涉及行业众多，涵盖面宽泛，总体可分为身份相关应用、信息汇聚应用、协同感知类应用和泛在服务应用。物联网通过人工智能、中间件、云计算等技术，为不同行业提供应用方案。

二、物联网体系标准

由于物联网整体架构涉及的层面较多，因此涉及的技术也较多，如包括传感技术、嵌入式智能技术、纳米技术、识别技术、发现技术、计算技术、网络通信技术、软件技术等。相关的技术组织和标准也非常繁杂。但总体来看，主要的物联网标准组织可以分为以下几类。

（1）总体框架类，如 ITU-TSG13 以及 ETSIM2MTC，主要对需求、架构、安全、编号等进行总体规范。

（2）感知延伸类，主要对部分低传输速率、近距离无线通信及射频识别等进行寻址、标准化工作。

（3）网络通信类，如国际电信联盟电信标准化部门、3GPP、GSMA、OMA 等，主要对智能 SIM 卡、M2M 无线网络等进行优化和适配标准工作。

（4）相关应用类，如国际电信联盟电信标准化部门、IEEE/FCC、CEN/ETSI 等，主要对智能交通、智能家居、智能电网、健康医疗等具体应用进行相关的标准化工作。

国内的标准组织主要以 CESI/CCSA 为主在进行标准化工作（CESI 侧重传感器通信技术标准化、CCSA 侧重 M2M 通信网络标准化），但从这几年的标准进展来看，国际上各标准组织之间对物联网的研究缺乏统一的协调和协作，如射频识别，国际上有 30 多个组织，一共制定了 250 多个标准。ZigBee 联盟目前有超过 225 个会员，分为促进者（Promoter）、参与者（Participant）和应用者（Adopter）三级，促进者级有 16 家，包括 TI、ST、飞思卡尔、摩托罗拉、飞利浦和华为等，但 ZigBee 标准仍然不够完善。每个国际标准组织的研究都是针对物联网的某一方面或某一传统的擅长内容在研究；包括国内对物联网的研究也都是根据不同的需求而进行零散的研究，没有整体系统端到端的研究。

就通信行业角度而言，物联网相关的标准组织主要聚焦在 3GPP 和欧洲电信标准化协会这两大标准组织上。

（1）3GPP 侧重 M2M 无线网络的优化方面，重点是通过 3 个 Release 完成标准化工作，R11 对应 M2M 有一定数量，网络需要一定升级以适应 M2M 应用，R12 及以后则对应 M2M 数量激增，网络主要围绕 M2M 特点进行设计，考虑新的物理层设计。

（2）ETSITC 旨在填补当前 M2M 标准空白加速市场的快速发展，协调现有的 M2M 技术提供端到端的解决方案，其优势是成员中 59% 的公司来自设备制造商，26% 的公司为运营商，集中了主要的电信领域大公司，定位为全球范围内的协调组织。如果 M2M 成立类似于 3GPP 的合作项目，极有可能是从 ETSIM2MTC 中衍生出来的，应当说国内外的物联网相关标准发展还不成熟，无法匹配市场环境的发展，许多运营商、厂商均开发出自己的企业标准。

第二章 物联网体系架构

物联网是当前信息技术领域中的研究热点，作为一个新型产业，物联网又是一个十分复杂而又庞大的系统，其体系结构是影响未来发展应用的关键所在。本章从物联网体系架构概述，物联网感知层、网络层与应用层解读，以及物联网公共技术与技术标准化三个角度出发，对物联网体系架构展开详细的分析。

第一节 物联网体系架构概述

一、物联网体系的发展阶段

物联网体系架构是物联网发展的顶层设计，关系到物联网产业链上下游产品之间的兼容性、可扩展性和互操作性，目前仍处于概念发展阶段。

（一）人对物理世界问题处理的基本阶段

研究物联网的体系结构之前，有必要将物联网工作过程与人对于外部客观的物理世界感知和处理过程做一个比较。例如，人的感知器官，眼睛能够看到外部世界，耳朵能够听到声音，鼻子能够嗅到气味，舌头可以尝到味道，皮肤能够感知温度。人就是将自己的感官所感知的信息，由神经系统传递给大脑，再由大脑综合感知的信息和存储的知识来做出判断，以选择处理问题的最佳方案。这对于每一个有正常思维的人都是司空见惯的事。但是，如果将人对问题智慧处理的能力形成与物联网工作过程做一个比较，就可以看出两者有惊人的相似之处。

人的感官用来获取信息，人的神经用来传输信息，人的大脑用来处理信息，使人具有智慧处理各种问题的能力。物联网处理问题同样要经过三个过程，即全面感知、可靠传输与智能处理，因此有人将它比喻成人的感官、神经与大脑。

（二）物联网的工作原理解析

物联网的价值在于让物体拥有了"智慧"，从而实现人与物、物与物之间的沟通，物联网的特征在于感知、互联和智能的叠加。

在物联网中，通过安装智能芯片，利用射频识别技术，让物品能"开口说话"，告知其他人或物有关的静态、动态信息。射频识别标签中存储着规范且具有互用性的信息，再通过光电式传感器、压电式传感器、压阻式传感器、电磁式传感器、热电式传感器、光导纤维传感器等传感装置，借助有线、无线数据通信网络将数据自动采集到中央信息系统，实现物品（商品）的识别，进而通过开放性的计算机网络实现信息交换和共享，实现对物品的"透明"管理。

二、物联网工作的基本步骤及技术特征

物联网的规划、设计及研发关键在于射频识别、传感器、嵌入式软件、数据传输计算等领域的研究，物联网的开展具有规模性、广泛参与性、管理性、技术性等特征。

（一）物联网工作的基本步骤

一般来讲，物联网的工作步骤主要如下。

（1）对物联属性进行标识，属性分为静态和动态两种，静态属性可以直接存储在标签中，动态属性需要先由传感器实时探测。

（2）识别设备对物体属性进行读取，并将信息转换为适合网络传输的数据格式。

（3）将物体的属性信息通过网络传输到信息处理中心（处理中心可能是分布式的，如家里的计算机或者手机；也可能是集中式的，如中国移动的IDC），由处理中心完成物体通信的相关计算。

物联网需要有统一的架构、清晰的分层，以支持不同系统的互操作性，适应不同类型的物理网络，适应物联网的业务特性。物联网作为新兴的信息产业，目前针对物联网体系架构，美国电气及电子工程师协会、ISO/IECJTC1、国际电信联盟电信标准化部门、欧洲电信标准化协会等组织均在进行研究。

物联网涉及感知、控制、网络通信、微电子、计算机、软件、嵌入式系统、微机电等技术领域，包括感知层技术、网络层技术、应用层技术以及公共技术。每个层次都有很多相对的技术支撑，并随着科技发展不断涌现新技术，掌握这些技术，会促进物联网更快的发展。

（二）物联网技术的基本特征

发展物联网，包括一个核心（网络基础设施）、两个基本点（泛在感知、超级智能），最终目标是将人类从人机接口的体力劳动、繁重的脑力劳动和信息爆炸中解放出来，达到现实世界（人类社会和自然）和信息世界的统一。物联网的技术特征主要表现在以下几个方面。

1. 物联网的智能物体具有感知、通信与计算能力

智能物体是对连接到物联网中的人与物的一种抽象。物联网中的"物体"或"对象"指的是物理世界中的人或物，增加了"感知""通信"与"计算"能力。智能物体可以是小到肉眼几乎看不见的物体，也可以是大的建筑物，固定的或移动的、有生命的或无生命的人或动物等。

智能感知的共同点：智能物体都通过配置射频识别或各种传感器，具有感知、通信和计算能力，所选用的传感器或射频识别类型决定了同时能感知到一种或几种参数。

通信能力的差异表现在，可以主动发送数据，也可以被动地由外部读写器来读取数据；可以是有线通信方式，也可以是无线通信方式；可以采用微波信道通信，也可以采用红外信道通信；可以进行远距离通信，也可以在几米范围内实现近距离通信。

计算能力的差异表现在，可能只是简单地产生数据，也可能是进行计算量比较小的数据汇聚计算，也可能是进行计算量比较大的数据融合、路由选择、拓扑控制、数据加密与解密、身份认证计算；具有正确判断控制命令的类型与要求，并能够决定是否应该执行、什么时候执行以及如何执行命令等。

物联网标识符：物联网中要实现全球范围智能物体之间的互联与通信必须解决物体标识问题，其中射频识别标签还没有形成统一的国际标准，目前影响最大的两个标准是欧美支持的产品电子编码与日本支持的泛在识别（Universal Identification，UID）。物联网中的节点一般使用地址空间较大的IPv6 地址。

综上所述，智能物体的感知、通信与计算能力的大小应该根据物联网应用系统的需求来确定；智能物体都应该是一种嵌入式电子装置，或者是装备有嵌入式电子装置的人、动物或物体。其中的嵌入式电子装置可能是功能很简单的射频识别芯片，也可能是一个功能复杂的无线传感器节点；可能是简单的微处理器芯片和小的存储器，也可能是功能很强的微处理器芯片和大的存储器。

物联网中的"物"要满足 7 个条件才能被纳入物联网范围：有数据传输通路；有一定的存储功能；有 CPU；有操作系统；有专门的应用程序；遵循物联网的通信协议；在世界网络中有可被识别的唯一编号。

2. 物联网可以提供所有对象在任何时间、任何地点的互联

国际电信联盟在泛在网基础上增加了"任何物体连接"，从时间、地点与物体三个维度对物联网的运行特点做出分析。物联网中任何一个合法的用户（人或物）可以在任何时间、任何地点与任何一个物体通信，交换和共享信息协同完成特定的服务功能。

要实现以上通信要求，需要研究和解决的问题：不同物体的连接，不同物体之间的通信，物联网的通信模型建立，物联网的服务质量保障，物联网中物体的命名、编码、识别与寻址的实现，物联网的信息安全与个人隐私的保护。

3. 物联网的目标是实现物理世界与信息世界的融合

物联网的目标是帮助人类对物理世界具有"透彻的感知能力、全面的认知能力和智慧的处理能力"，帮助人类在提高劳动生产力、生产效率的同时，进一步改善人类社会发展与地球生态和谐、可持续发展的关系。因此，将计算机与信息技术拓展到整个人类社会生活与生存环境之中，使人类的物理世界与网络虚拟世界相融合，已经成为人类必须面临的问题。

现实社会中物理世界与网络虚拟世界是分离的，物理世界的基础设施与信息基础设施是分开建设的。一方面，需要设计和建设新的建筑物、高速公路、桥梁、机场与公共交通设施，完善物理世界；另一方面，需要通过不断铺设光纤，购买路由器、服务器和计算机，组建宽带网络，建立数据中心，开发各种网络服务系统，架设无线基站，发展移动通信产业，建设信息世界，实现社会信息化建设。

第二节　物联网感知层、网络层与应用层解读

一、感知层解读

物联网的感知层：全面感知，无处不在。感知层是物联网发展和应用的基础，主要目标是实现对客观世界的全面感知，核心是解决智能化、小型化、低功耗、低成本的问题，包括传感器等数据采集设备，以及数据接入网关之

前的传感器网络。感知节点有 RHD、传感器、嵌入式系统、IC 卡、磁卡、一维或二维的条码等。

末端感知网络类比为物联网的末梢神经，是指该网络处于网络的末端位置，即只产生数据，且通过与之互联的网络传输出去，自身并不承担转发其他网络数据的作用。

（一）感知层基本功能

物联网的感知层解决的是人类世界和物理世界的数据获取问题，包括各类物理量、标识、音频、视频数据。

物联网的感知层相当于人类眼睛、鼻子、耳朵、嘴巴、四肢的延伸，融合了视觉、听觉、嗅觉、触觉等器官的功能。一般包括数据采集和数据短距离传输两部分，即通过传感器、摄像头等设备采集外部物理世界的数据，通过蓝牙、红外、ZigBee、工业现场总线等短距离有线或无线传输技术进行协同工作或者传递数据到网关设备。

（二）感知层关键技术解析

感知层所需要的关键技术包括检测技术、中低速无线或有线短距离传输技术等。具体来说，感知层综合了传感器技术、嵌入式计算技术、智能组网技术、无线通信技术、分布式信息处理技术等，能够通过各类集成化的微型传感器的协作实时监测、感知和采集各种环境或监测对象的信息。通过嵌入式系统对信息进行处理，并通过随机自组织无线通信网络以"多跳"中继方式将所感知的信息传送到接入层的基站节点和接入网关，最终达到用户终端，从而真正实现无处不在的物联网理念。

（1）传感器技术。传感器是指能感受规定的被测量件，并按照一定的规律转换成可用输出信号的器件或装置，是构成物联网的基础单元。具体来说，传感器是一种能够对当前状态进行识别的元器件，当特定的状态发生变化时，传感器能够立即察觉出来，并且能够向其他的元器件发出相应的信号，用来告知状态的变化。

（2）射频识别技术。射频识别技术通过射频信号自动识别目标对象并获取相关数据，是一种非接触式的自动识别技术。

（3）条码识别技术。条码包括一维条码和二维条码，条码识别是最经济、最实用的一种自动识别技术，具有输入速度快、可靠性高、采集信息量大和灵活实用等优点，广泛应用于各个领域。

（4）产品电子编码。产品电子编码容量非常大，能够实现物联网"一物

"一码"的要求，且能远距离识读，其目标是通过统一的、规范的编码体系建立全球通用的信息交换语言。

（5）GPS 技术。GPS 是 20 世纪 70 年代由美国陆、海、空三军联合研制的新一代空间卫星导航定位系统。其主要目的是为陆、海、空三大领域提供实时、全天候和全球性的导航服务。实现 GPS 功能，必须具备 GPS 终端、传输网络和监控平台三要素，通过这三个要素，可以提供车辆防盗、反劫、行驶路线监控及呼叫指挥等功能。

（6）短距离无线通信技术。短距离无线通信技术具有通信距离短、对等通信、成本低廉、节省布线资源等特性。如 ZigBee、蓝牙、Wi-Fi 等不同的传输技术。

（7）信息采集中间件技术。信息采集中间件技术采用标准的程序接口和协议，针对不同的操作设备和硬件接收平台，将采集到的物品信息准确无误地传输到网络节点上。

二、网络层解读

（一）网络层性能概述

物联网网络层是在现有网络（移动通信网和互联网）的基础上建立起来的，由汇聚网、接入网、承载网等组成，承担着数据传输的功能。要求能够把感知层感知到的数据无障碍、高可靠、高安全地进行传送，解决了感知层所获得的数据在一定范围，尤其是远距离传输的问题。

（二）网络层功能和技术解析

网络层的主要功能包括网络接入、网络管理和网络安全等。物联网的网络传输层位于感知层和应用层之间，主要作用是将感知层收集的数据信息经过无线汇聚、网络接入及承载传输给应用层，使得应用层可以方便地对信息进行分析管理，从而实现对客观世界的感知及有效控制。

Wi-Fi 是一种可以将个人计算机、手持设备（如掌上电脑、手机）等终端以无线方式互相连接的短程无线传输技术。该技术使用的是 2.4 GHz 附近的频段，该频段无须申请。

1. 网络层接入网技术

接入网主要采用 6LoWPAN 及 M2M 架构实现感知数据从汇聚网到承载网的接入。

（1）IPv6。国际公认的下一代互联网标准，可以实现物联网"一物一地址，万物皆在线"的目的，IPv6可以满足对大量地址的需求，还可以提供地址自动配置，便于即插即用。

（2）6LoWPAN。一种在物理层和媒体访问控制（Media Access Control，MAC）层上基于IEEE 802.15.4实现IPv6协议的通信标准，是物联网无线传感器网络的重要技术。6LoWPAN面向的对象一般为短距离、低速率、低功耗的无线通信过程。

（3）M2M。一种为客户提供机器到机器的无线通信服务类型，使所有机器设备都具有联网和通信能力，旨在通过通信技术来实现人、机器和系统三者之间的智能化、交互式无缝连接。

2. 网络层承载网技术

承载网主要是指各种在发展中或者成熟的核心承载网络，如无线通信网络中的GSM、GPRS、3G/4G、WLAN、光纤通信等。

（1）三网融合。指电信网、广电网、互联网三个网络的深度融合，使得信息产业结构重新组合，管理机制及政策法规相应变革，信息传播和通信服务方式发生变化，个人消费及企业应用的模式产生质的变化。

（2）移动通信网。特别是下一代移动通信网络技术"全面、随时、随地"传输信息，让人们更加灵活地沟通交流，将物联网系统从固定网络中解放出来，实现无处不在的感知识别。

（3）光纤通信技术。一种以光波为载体、光纤为传输介质的通信系统。光纤通信具有通信容量大、距离长、损耗小、误码率低、抗干扰等特点。

未来，网络融合成为趋势，对业务整合、降低成本、提高行业整体竞争力等都有很大益处，并为信息产业的发展做准备。网络融合包括三网（电信网、广电网、互联网）融合、网络与计算机（云计算）的融合、4G（电信、计算机、消费电子、数字内容）融合、网络空间与物质世界融合等。

三、应用层解读

（一）应用层的含义

物联网的应用层：广泛应用，无所不能。

应用层包括各类用户界面显示设备以及其他管理设备等，这也是物联网体系结构的最高层，实现了物联网的最终目的——将人与物、物与物紧密地结合在一起。应用是物联网发展的驱动力和目的，旨在解决信息处理和人机界面的问题，软件开发、智能控制技术将为用户提供丰富多彩的物联网应用。

物联网的应用层利用经过分析处理的感知数据为用户提供丰富的特定服务，包括制造领域、物流领域、医疗领域、农业领域、电子支付领域、环境监测领域、智能家居领域等，可分为监控型（物流监控、污染监控）、查询型（智能检索、远程抄表）、控制型（智能交通、智能家居、路灯控制）、扫描型（手机钱包、高速公路不停车收费）等应用类型。

（二）应用层功能与技术分析

物联网的应用层主要解决计算、处理和决策的问题，是物联网与行业专业技术的深度融合，与行业需求结合，实现广泛智能化。应用层的主要功能是把感知和传输来的信息进行分析与处理，做出正确的控制和决策，实现智能化的管理、应用和服务。

应用层包括物联网应用的支撑平台子层和应用服务子层，其中应用支撑平台子层用于支撑跨行业、跨应用、跨系统之间的信息协同、共享、互通，主要包括公共中间件、信息开放平台、云计算平台和服务支撑平台；应用服务子层包括智能交通、供应链管理、智能家居、工业控制等行业应用。

（1）公共中间件。应用支撑平台子层中的公共中间件，是操作平台和应用程序之间通信服务的提供者，让平台（包括操作系统和硬件系统）与应用连接不会因为接口标准不同等问题导致无法通信。

（2）云计算。由谷歌提出，是网络计算、分布式计算、并行计算、效用计算、网络存储、虚拟化、负载均衡等传统计算机技术和网络技术发展融合的产物，其核心思想是对大量用网络连接的计算机资源进行统一管理和调度，构成一个计算机资源池向用户提供相应服务。

（3）人工智能（Artificial Intelligence，AI）。研究如何应用计算机的软硬件来模拟人类某些智能行为的基本理论、方法和技术。

（4）数据挖掘。从数据库、数据仓库或其他信息库的大量数据中，通过算法搜索获取有效、新颖、潜在有用、最终可理解的信息发现过程。

（5）专家系统。智能计算机程序系统，含有大量某领域专家水平的知识与经验，能够利用人类专家的知识和解决问题的方法来处理该领域的问题。

第三节　物联网公共技术与技术标准化

一、公共技术解读

公共技术不属于物联网技术框架中的某个特定层面，与感知层、网络层和应用层都有关系，能够保证整个物联网安全、可靠地运行。它包括标识与解析、安全技术、网络管理和服务质量管理。

（一）标识与解析技术的含义

标识，就是对物体进行编码实现唯一识别。同时，新的物联网编码体系应该尽量兼容现有的大规模使用的编码体系。

解析，就是根据标签的 ID，由解析服务系统解析出其对应的网络资源地址的服务。例如，用户需要获得商品标签 ID 为"0218……"的详细信息，解析服务系统将商品 ID 转换成资源地址，在资源服务器上就可以查看物品的详细信息。

（二）安全技术认证

移动网络中的认证、加密等大部分机制也适用于物联网，并能够提供一定的安全性。认证就是身份鉴别，包括网络层的认证和业务层的认证。

（三）网络管理和服务质量管理

网络管理包括向用户提供能提高网络性能的网络服务，增加网络设备，提供新的服务类型，网络性能监控，故障报警、故障诊断、故障隔离与恢复的网络维护和网络线路、网络设备利用率的采集和分析，提高网络利用率的控制等。网络管理实现了配置管理、故障管理、性能管理、安全管理和记账管理等功能。

网络资源总是有限的，业务之间抢夺网络资源时，就会出现服务质量的要求，服务质量主要包括网络传输的带宽、传送的时延、数据的丢包率等。服务质量管理就是利用流分类、流量监管、流量整形、接口限速、拥塞管理、拥塞避免等服务质量技术保证传输的带宽、降低传送的时延、降低数据的丢包率，提高服务质量。

二、物联网标准解析

目前物联网没有形成统一标准，各个企业、行业都根据自己的特长制定标准，并根据自己企业或行业的标准进行产品生产，这对物联网形成统一的端到端标准体系造成了很大障碍。

（一）物联网的标准体系构建

物联网标准的制定，应从以下几个方面展开。

（1）从物联网标准化对象角度分析，物联网标准涉及的标准化对象可为相对独立、完整、具有特定功能的实体，也可以是具体的服务内容，可大至网络、系统，小至设备、接口、协议。各个部分根据需要，可以制定技术要求类标准和测试方法类标准。

（2）从物联网学术研究角度分析，标准体系的建立应遵照全面成套、层次恰当、划分明确的原则。物联网标准体系可以根据物联网技术体系的框架进行划分，分为感知控制层标准、网络传输层标准、应用服务层标准和共性支撑层标准。其中物联网应用服务层标准涉及的领域广阔、门类众多，并且应用子集涉及行业复杂，服务支撑子层和业务中间件子层在国际上尚处于标准化研究阶段，还未制定出具体的技术标准。

（二）物联网标准研究组织及其发展势态

物联网技术内容众多，所涉及的标准组织也较多，不同的标准组织基本上都按照各自的体系进行研究，采用的概念也各不相同。物联网覆盖的技术领域非常广泛，涉及总体架构、感知技术、通信网络技术、应用技术等各个方面。

美国电气及电子工程师协会，主要研究物联网的感知层领域。目前无线传感网领域用得比较多的 ZigBee 技术就是基于 IEEE 802.15.4 标准。在 IEEE 802.15 工作组内有 5 个任务组，分别制定适合不同应用的标准。这些标准在传输速率、功耗和支持的服务等方面存在差异。其中我国参与了 IEEE 802.15.4 系列标准的制定工作，并且 IEEE 802.15.4c 和 IEEE 802.15.4e 主要由我国起草。

欧洲电信标准化协会，采用 M2M 的概念进行总体架构方面的研究，相关工作的进展非常迅速，其是在物联网总体架构方面研究得比较深入和系统的标准组织，也是目前在总体架构方面最有影响力的标准组织。该协会的主要目标是从端到端的全景角度研究 M2M 通信，并与协会内 NGN 的研究及 3GPP 已有的研究展开协同工作。

国际电信联盟，2005 年开始进行泛在网的研究，研究内容主要集中在泛在网总体框架、标识及应用三方面。其对泛在网的研究已经从需求阶段逐渐进入框架研究阶段，但研究的框架模型还处在高层层面。在标识研究方面和国际标准化组织合作，主推基于对象标识的解析体系；在泛在网应用方面已经逐步展开了对健康和车载方面的研究。

3GPP 和 3GPP2 第三代合作伙伴计划采用 M2M 的概念进行研究。作为移动网络技术的主要标准组织，3GPP 和 3GPP2 关注的重点在于物联网网络能力增强方面，是在网络层方面开展研究的主要标准组织。研究主要从移动网络出发，研究 M2M 应用对网络的影响，包括网络优化技术等。3GPP 对 M2M 的研究开始加速，目前基本完成了需求分析，已转入网络架构和技术框架的研究。

WGSN 传感器网络标准工作组，2009 年 9 月成立，主要研究传感器网络层面。其宗旨是促进中国传感器网络的技术研究和产业化的迅速发展，加快开展标准化工作，认真研究国际标准和国际上的先进标准，积极参与国际标准化工作，建立和不断完善传感网标准化体系，进一步提高中国传感网技术水平。

中国通信标准化协会(China Communications Standards Association, CCSA)，2002 年 12 月成立，研究通信网络和应用层面。主要任务是更好地开展通信标准研究工作，把通信运营、制造、研究单位、大学等企事业单位组织起来，进行标准的协调、把关。2009 年 11 月，该协会成立了泛在网技术工作委员会（即 TC10），专门从事物联网相关的研究工作。

目前，物联网标准工作仍处于起步阶段，各标准工作组比较重视应用方面的标准制定。在智能测量、城市自动化、汽车应用、消费电子应用等领域均有相当数量的标准正在制定，这说明"物联网是由应用主导"的观点在国际上已经成为共识。

（三）物联网核心技术标准化发展现状

1. 物品分类与编码标准化技术

GSI 系统建立了一整套标准的全球统一的编码（标识代码）体系，对物流供应链上的物流参与方、贸易项目、物流单元、物理位置、资产、服务关系等进行编码，为采用高效、可靠、低成本的自动识别和数据采集技术奠定了基础。

为了确保正确而且规范地对产品进行分类，全球数据同步网络（Global Data Synchronization Network, GDSN）运用 GSI 全球产品分类（Global Product Classification, GPC）（一个分类体系），给世界上任何地方的买卖双方提供一种以相同的方式对产品分组的共同语言。全球产品分类现在支持 36 个类别，拥有更多的种类，提高了全球数据协同网络的数据准确性和集成性，增强了供应链对客户需求快速反应的能力，而且有助于打破语言障碍。GSI 已经建立起全球产品分类和联合国标准产品与服务分类 UNSPSC 系统的互操作。用户可以使用一个在线的映射工具在两个系统中轻松匹配分类信息。全球产品分类是 GSI 系统在 21 世纪推出的重大技术标准，是目前全球最完整、最科学、最权威的分类体系。国际上通用的且对经济发展影响较大的物品分类、编码标准还有《产品总分类》《商品名称及编码协调制度》等。

（1）产品电子编码，又称产品电子代码。1998 年麻省理工学院的两位教授提出以射频识别技术为基础，对所有的货品或物品赋予唯一的编号方案（采用数字编码），以此编码对货品或物品进行唯一的标识。通过物联网来实现对物品信息的进一步查询。这一设想催生了产品电子编码概念的提出。2003 年 9 月国际物品编码协会（EAN）和美国统一代码协会（UCC）联合成立了非营利性组织 EPC-Global，将产品电子编码纳入全球标识系统，实现了全球统一系统中的 GTIN 编码体系与产品电子编码概念的完美结合。利用数字编码，通过开放的、全球性的标准体系，借助低价位的电子标签，经由互联网来实现物品信息的追踪和即时交换处理，在此基础上进一步加强信息的收集、整合和互换，并用于生产和物流决策。

（2）产品电子编码原则。①编码的唯一性。产品电子编码的编码容量非常大，能够为每一个物理对象提供唯一的标识。真正实现"一物一码"。②编码使用的周期性。编码的使用周期和物理对象的生命周期一致，不能重复使用或分配给其他商品。③编码的简单性。编码标准全球协商一致，结构简单，容易使用和维护。④编码的可扩展性。产品电子编码有多个版本，留有备用空间，具有可扩展性，可以满足产品种类和数量的增加。⑤编码的安全性和保密性。产品电子编码与加密技术易于结合，利于实现安全的传输、存储和产品电子编码系统的大规模应用。

（3）产品电子编码体系。产品电子编码体系是新一代的与 GTIN 兼容的编码标准，它是全球统一标识系统的延伸和拓展，是全球统一标识系统的重要组成部分，是产品电子编码系统的核心和关键。当前的 GTIN 编码体系标准在未来将整合到以产品电子编码为主导的"网络化实体世界"中。产品电子编码是由标头、厂商识别代码、对象分类代码、序列号等数据字段组成的一组数字。

（4）产品电子编码系统构成。产品电子编码系统是一个非常先进的、综合性的复杂系统，其最终目标是为每一单品建立全球的、开放的标识标准。它由全球产品电子编码体系、射频识别系统及信息网络系统三部分组成。

（5）产品电子编码系统工作流程。识读器读出产品标签上的产品电子编码给出信息参考，通过互联网找到 IP 地址并获取该地址关联的物品信息，采用产品电子编码中间件处理从识读器读取的一连串产品电子编码信息。由于标签上只有一个产品电子编码，计算机需要知道与之匹配的其他信息，需要 ONS 提供自动网络数据库服务，产品电子编码中间件将产品电子编码传给 ONS，ONS 指示产品电子编码中间件到存储产品文件的 EPCIS 服务器中查询，该产品文件可由产品电子编码中间件复制，因此文件中的产品信息就能传到各相关应用上。

2. 自动识别标准化技术

对于射频识别技术，标准化工作的支离破碎拖延了它的发展。它的标准化聚焦于几个主要方面：射频识别频率和识读器－标签（标签－识读器）通信协议、标签中的数据格式。欧洲电信标准化协会和国际标准化组织是解决射频识别系统标准化问题的主要标准化机构。

欧洲电信标准化协会对于射频识别标准化进程最具影响力的事件无疑是名为"射频识别实施非正式工作组"的正式设立，由利益相关方（包括行业、运营商、欧洲标准组织、公民社会组织、数据保护机构）组成。

国际标准化组织专注于技术问题，如利用的频率、调制方案以及防撞协议；ISO/IECJTCISC31 负责自动识别与数据采集标准化工作，主要涉及射频识别、实时定位、条码、OCRJEEE 802.15.4 等方面的标准化；SC17 是卡和身份识别分委会，制定了 13.56 MHz 非接触集成电路卡标准。

全国信息技术标准化技术委员会成立了电子标签工作组，下设不同的小组，开展标签与读写器、频率与通信、数据格式、信息安全等方面的标准化工作。

3. 传感标准化技术

ISO/IEC 传感器网络工作组（JTC1WG7）负责开展传感器网络的标准化工作。传感器网络工作组关注的关键技术包括参考架构（技术、运营、系统等）、实体模型及实体定义、实体之间详细的接口定义、应用子集的场景及用例分析、互操作性问题等。

在欧洲电信标准化协会内部，为了开展与 M2M 系统以及传感器网络有关的标准化活动，成立了 M2M 技术委员会，委员会的目标包括：M2M 端到端结构的开发和维护，强化有关 M2M 的标准化工作，包括传感器网络集成、命名、寻址、定位、服务质量、安全、充电、经营管理、应用和硬件接口。组建了低功率无线个人局域网（LoWPAN）之上的下一代互联网技术（IPv6）国际互联网工程任务组工作组。6LoWPAN 正在定义一组能够用于把传感器节点集成到下一代互联网技术网络的协议。

国际互联网工程任务组工作组称为低功耗及有损网络路由小组，提出 RPL 路由协议草案，该草案包括 6LoWPAN 在内的低功耗及有损网络路由的基础。

ITUSGII 组成立有专门的 Question12 "NID 和 USN 测试规范"，主要研究 NID 和 USN 的测试架构，HIRP 测试规范以及 Xoid-res 测试规范；SG13 主要从 NGN 角度展开泛在网相关研究；基于 NGN 的泛在网络 / 泛在传感器网络需求及架构研究、支持标签应用的需求和架构研究、身份管理（IDM）相关研究；SG16 组成立专门的 Question 展开泛在网应用相关的研究，集中在业务和应用、标识解析方面。

网络与交换组 "CCSATC3" 开展了泛在网的需求和架构、M2M 业务相关标准工作；无线通信技术委员会 "TC5" 开展了 WSN 与电信网结合的总体技术要求、TD 网关设备要求相关的标准工作；网络与信息安全工作委员会 "TCS" 开展了与机器类通信安全相关的标准工作；泛在网技术工作委员会，包括总体工作组、应用工作组、网络工作组、感知延伸工作组，专门研究泛在网相关标准工作。

WGSN 关注的关键技术包括数据采集、传输和组网、网络融合、协同信息处理、信息资源和服务描述处理、数据管理、安全技术。WGSN 目前还代表中国积极参加 ISOJEEE 等国际标准组织的标准制定工作。具体分工如下：PG2 工作组负责传感器网络的总则和术语标准化；PG3 工作组负责传感器网络的通信与信息交互标准化；PG4 工作组负责传感器网络的接口标准化；PG5 工作组负责传感器网络标识标准化；PG6 工作组负责传感器网络安全标准化；HPG1 工作组负责机场围界传感器网络防入侵系统技术要求；HPG2 工作组负责面向大型建筑节能监控的传感器网络系统技术要求；PG9 工作组负责传感器网络网关技术要求标准化等。

4. 其他已有标准技术

ETSIM2MTC 负责统筹 M2M 研究，旨在制定一个水平化的、不针对特定 M2M 应用的端到端解决方案的标准。

3GPP 针对 M2M 的研究主要从移动网络出发，研究 M2M 应用对网络的影响，包括网络优化技术等。只讨论移动网的 M2M 通信；只定义 M2M 业务，不具体定义特殊的 M2M 应用；只讨论无线侧和网络侧的改进。3GPP 重点研究的支持机器类型通信（Machine Type Communication，MTC）网络优化技术包括体系架构、拥塞和过载控制、标识和寻址、签约控制、时间控制特性、机器类型通信监控、安全。具体内容如下：GERAN"FS_NIMTC_GERAN"研究 GERAN 系统针对机器类型通信的增强；RAN"FS_NIMTC_RAN"研究支持机器类型通信对 3G 的无线网络和 LTE 无线网络的增强要求；SA"NIMTC_SA1"负责机器类型通信业务需求方面的研究；"FS_AMTC-SA1"支持机器类型通信的增强研究；"FSAMTC_SA1"研究寻找 E.164 的替代，用于标识机器类型终端以及终端之间的路由消息；"SIMTC-SA1"支持机器类型通信的系统增强研究，研究 R10 阶段 NIMTC 的解决方案的增强型版本；"NIMTC-SA2"负责支持机器类型通信的移动核心网络体系结构和优化技术的研究；"NIMTC-SA3"负责安全性相关研究。CT"NIMTC-TC1"重点研究 CT1 系统针对机器类型通信的增强；NIMTC-TC3 重点研究 CT3 系统针对机器类型通信的增强；NIMTC-TC4 重点研究 CT4 系统针对机器类型通信的增强；等等。

第三章　物联网自动识别与传感器技术

物联网掀起了一场新的信息革命浪潮，它融合了自动识别、传感器、云计算、通信网络等多种技术，将物理世界中的万物相连，使物理世界和虚拟世界有了联系。物联网对于未来社会经济发展、社会进步和科技创新都具有十分重要的战略意义。本章从物联网自动识别技术概述、物联网条码识别技术与射频识别系统和物联网卡类、机器视觉与生物特征识别技术以及物联网传感器技术四个角度对物联网自动识别与传感器技术展开深入探讨。

第一节　物联网自动识别技术概述

一、自动识别技术

自动识别技术是信息数据自动识读、自动输入计算机的重要方法和手段，它是以计算机技术和通信技术的发展为基础的综合性科学技术。近几十年在全球范围内得到了迅猛发展，初步形成了一个包括条码技术、磁条（卡）技术、光学字符识别、系统集成化、射频技术、声音识别及视觉识别等集计算机、光、机电、通信技术于一体的高新技术学科。自动识别是将信息编码进行定义、代码化，并装载于相关载体中，借助特殊的设备，实现定义信息的自动识别、采集，并输入信息处理系统的过程。

（一）自动识别技术的产生背景及发展沿革

在现实生活中，各种各样的活动或者事件都会产生这样或者那样的数据，这些数据包括人的、物质的、财务的，也包括采购的、生产的和销售的，这些数据的采集与分析对于我们的生产或者生活决策来讲都是十分重要的。

在计算机信息处理系统中，数据的采集是信息系统的基础，这些数据通过数据系统的分析和过滤，最终成为影响我们决策的信息。

在信息系统早期，相当部分数据的处理都是通过人手工录入的，不仅数据量庞大，劳动强度大，而且耗时长，从而失去了实时的意义，并且数据误码率较高。为了解决这些问题，人们研究和发展了各种各样的自动识别技术，将人们从繁重的手工劳动中解放出来，提高了系统信息的实时性和准确性，从而为生产的实时调整、财务的及时总结以及决策的正确制定提供正确的参考依据。

自动识别技术在国民经济发展过程中的应用将成为我国信息产业的一个重要的有机组成部分，具有广阔的发展前景。

（二）自动识别技术的含义

1. 识别的概念

识别是人类参与社会活动的基本要求。人们认识和了解事物的特征及信息就是一种识别，为有差异的事物命名是一种识别，为便于管理而为一个单位的每一个人或一个包装箱内部的每一件物品进行编码也是一种识别。因此，识别是一个集定义、过程与结果于一体的概念。

2. 自动识别技术的概念

自动识别技术是指通过非人工手段获取被识别对象所包含的标识信息或特征信息，并且不使用键盘即可实现数据实时输入计算机或其他微处理器控制设备的技术。它是信息数据自动识读、自动输入计算机的重要方法和手段，是一种高度自动化的信息或者数据采集技术。

3. 自动识别技术的特点分析

（1）准确性：自动数据采集，彻底消除人为错误。

（2）高效性：信息交换实时进行。

（3）兼容性：自动识别技术以计算机技术为基础，可与信息管理系统无缝连接。

二、自动识别技术的一般性原理及发展现状

自动识别系统是一个以信息处理为主的技术系统，它是传感器技术、计算机技术、通信技术综合应用的一个系统，它的输入端是被识别信息，输出端是已识别信息。

自动识别系统中的信息处理是指为达到快速应用目的而对信息所进行的变换和加工，抽象概括自动识别技术系统的工作过程。

20世纪50年代，伴随着雷达技术的研究和应用不断深入，射频识别技术应运而生，为自动识别技术的研究和发展奠定了理论基础。经过十多年的实验研究探索阶段，到20世纪70、80年代，自动识别技术与产品研发如火如荼，加速了自动识别技术的测试，并相继进入商业应用阶段。但由于自动识别技术标准混乱，一直无法大规模生产。直到2000年，随着自动识别产品种类的增加，标准化问题逐渐引起了业界的关注，有源电子标签、无源电子标签及半无源电子标签均得到发展，标签成本不断降低，规模应用行业扩大，自动识别技术才得以广泛应用，真正走进千家万户。

目前，世界上从事自动识别技术及其系列产品的开发、生产和经营的厂商多达一万多家，开发经营的产品可达数万种，成为具有相当规模的高新技术产业。

第二节　物联网条码识别技术与射频识别系统

一、条码识别技术概述

（一）条码识别技术的含义

条码识别技术起源于20世纪20年代，是迄今为止最经济、最实用的一种自动识别技术，它通过条码符号保存相关数据，并通过条码识读设备实现数据的自动采集。通常用来对物品进行标识，就是首先给某一物品分配一个代码，然后以条形码的形式将这个代码表示出来，并且标识在物品上，以便识读设备通过扫描识读条形码符号对该物品进行识别，是广泛应用于商业、邮政、图书管理、仓储、工业生产过程控制、交通等领域的一种自动识别技术，具有输入速度快、准确度高、成本低、可靠性强等优点，在当今的自动识别技术中占有重要的地位。

所谓条码，是指由一组规则排列的"条""空"以及对应的字符组成的标记，"条"指对光线反射率较低的部分，"空"指对光线反射率较高的部分，这些"条"和"空"组成的数据表达一定的信息，并能够用特定的设备识读获取条码信息，转换成与计算机兼容的二进制和十进制信息。

1. 条码的编码方式

条码是利用"条"和"空"构成二进制的0和1，并以它们的组合来表示某个数字或字符，以反映某种信息的、不同码制的条码在编码方式上有所不同，一般有以下两种不同的编码方式。

（1）宽度调节编码法，即条码符号中的"条"和"空"由宽、窄两种单元组成的条码编码方法。按照这种方式编码时，是以窄单元（"条"或"空"）表示逻辑值0，宽单元（"条"或"空"）表示逻辑值1，其中，宽单元通常是窄单元的2～3倍。

（2）模块组配编码法，即条码符号的字符由规定的若干个模块组成的条码编码方法。按照这种方式编码，"条"与"空"是由模块组合而成的，一个模块宽度的"条"模块，表示二进制的1；而一个模块宽度的"空"模块，表示二进制的0。

2. 条码的符号组合结构

条码符号通常由左侧空白区、起始字符、数据字符、检验字符、终止字符、右侧空白区等部分组成。

（1）左侧空白区：位于条码左侧无任何符号的空白区域，主要用于提示扫描器准备开始扫描。

（2）起始字符：条码字符的第一位字符，用于标识一个条码符号的开始，扫描器确认此字符存在后，开始处理扫描脉冲。

（3）数据字符：位于起始字符右侧，用于标识一个条码符号的具体数值，允许双向扫描。

（4）检验字符：用于判断此次扫描是否有效的字符，通常是一种算法运算的结果。扫描器读入条码进行解码时，对读入的各字符进行运算，如果运算结果与检验码相同，则判断此次识读有效。

（5）终止字符：位于条码符号右侧，表示信息结束的特殊符号。

（6）右侧空白区：在终止字符之外的无印刷符号的空白区域。

3. 条码识别技术的优点解析

条码中的"条"和"空"可以有各种不同的组合方法，构成不同的图形符号，即各种符号体系，也称码制，适用于不同的应用场合。

条码识别技术具有许多优点：信息采集速度快，与键盘相比，条码输入的速度是键盘输入的5倍以上，并能实现"即时数据输入"；可靠性高，键盘输入数据的出错率为1/300，利用光学字符识别技术的出错率为1/10 000，而采用条码技术的误码率低于1/1 000 000；采集信息量大，一维条码一次可采集几十位字符的信息，二维条码可以携带数千个字符的信息，并具有一定的自动纠错能力。条码识别既可以作为一种识别手段单独使用，也可以和有关识别设备组成一个系统来实现自动化识别，还可以和其他控制设备连接起来实现自动化管理。同时，在没有自动识别设备时，也可实现手工键盘输入，简单条码制作容易，条码符号识别设备操作容易，无须专门训练。与其他自动化识别技术相比较，一个条码符号成本通常在几分钱之内，大批量印刷就更加经济，其识别符号成本及设备成本都非常低。

4. 条码的印刷

条码的印刷与一般图文印刷的区别在于，其印刷必须符合条码国家标准中有关光学特性和尺寸精度的要求，这样才能使条码符号被正确地识别。条码印刷一般分为现场印刷和非现场印刷两种。

（1）现场印刷。由专用设备在需要使用条码标识的地方，即时生成所需的条码标识，一般采用图文打印机和专用条码打印机。现场印刷适合于印刷数量少、标识种类多或应急用的条码标识，如超市生鲜称重后的条码标签采用的就是现场打印的方式。

（2）非现场印刷。其主要是在专业印刷厂进行的，预先印刷好条码标识以供企业使用，成本较低、印刷质量可靠，被大多数企业采用。非现场印刷主要用于大批量使用、代码结构稳定、标识相同或标记变化有规律（如序列流水号等）条码标识的印刷。

（二）条码识别的主要种类

1. 一维条码类型

一维条码信息容量很小，使用过程中仅作为识别信息，描述商品信息只能依赖于后台数据库的支持，需要预先建立数据库，通过在计算机系统的数据库中提取相应的信息实现。

一维条码广泛应用于工业、商业、国防、交通运输、金融、医疗卫生、邮电及办公自动化等领域。按其应用可分为物流条码和商品条码，物流条码包括 25 码、交叉 25 码、39 码、库德巴码等；商品条码包括 EAN/UPC 码。

（1）25 码是一种只有"条"表示信息的非连续型条码，每一个条码字符由规则排列的 5 个"条"组成，其中有 2 个"条"为宽单元，其余的"条"和"空"，以及字符间隔是窄单元，故称为 25 码。主要用于包装、运输和国际航空系统为机票进行顺序编号等。

25 码的字符集为数字字符 0 ~ 9。25 码由左侧空白区、起始字符、数据字符、终止字符及右侧空白区构成。"空"不表示信息，宽"条"的"条"单元表示二进制的 1，窄"条"的"条"单元表示二进制的 0，起始字符用二进制 110 表示（2 个宽"条"和 1 个窄"条"），终止字符用二进制 101 表示（中间是窄"条"，两边是宽"条"）。

（2）交叉 25 码是在 25 码的基础上发展起来的，由美国的易腾迈（Intermec）公司于 1972 年发明。交叉 25 码弥补了 25 码的许多不足之处，不仅增大了信息容量，而且由于其自身具有的校验功能，还提高了可靠性。起初广泛应用于运输、仓储、工业生产线、图书情报等领域的自动识别管理。

交叉 25 码的字符集为数字 0 ~ 9，是一种"条""空"均表示信息的连续性、非定长、可自校验的双向条码。每个条码数据符由 5 个单元组成：2 个宽单元，其余为窄单元。条码符号从左到右，奇数位条码字符由"条"组成，偶数位字符由"空"组成，组成条码字符个数为偶数，当要表示的字符个数为奇数时，应在字符串左端加 0，起始字符为"两窄条两窄空"，终止字符为"宽条窄空窄条"。

（3）39 码是 1975 年由美国易腾迈公司研制的一种条码，它能够对数字、英文字母及其他字符等 44 个字符进行编码。由于具有自检功能，39 码具有误读率低等优点，39 码首先在美国国防部得到应用，后来广泛应用在汽车、材料管理、经济管理、医疗卫生和邮政、储运等领域。

39 码是一种"条""空"均表示信息的非连续性、非定长、可自校验的双向条码。39 码的每一个条码字符由 9 个单元（5 个"条"单元和 4 个"空"单元）组成，其中 3 个单元是宽单元（用二进制 1 表示），其余是窄单元（用二进制 0 表示），故称为 39 码。

（4）库德巴码于 1972 年研制出来，广泛地应用于医疗卫生和图书馆行业，也用于邮政快件上。美国输血协会将库德巴码规定为血袋标识的代码，以确保操作准确，保护人类生命的安全。

库德巴码是一种"条""空"均表示信息的非连续性、非定长、可自校验的双向条码。由左侧空白区域、起始字符、数据字符、终止字符及右侧空白区构成。它的每一个字符由 7 个单元（4 个"条"单元和 3 个"空"单元）组成，其中 2 或 3 个是宽单元（用二进制 1 表示），其余是窄单元（用二进制 0 表示）。起始字符和终止字符只能是 ABCD 中的任何一个，数据的中间不能出现英文字母。

（5）EAN/UCC 码，商品标识代码是由国际物品编码协会（EAN）和美国统一代码委员会（UCC）规定的、用于标识商品的一组数字。EAN/UCC 码的标准码共 13 位数，由"国家代码""厂商代码""产品代码"以及"校正码"组成。EAN/UCC 码主要应用于超级市场和其他零售业。

2. 二维条码类型

二维条码是用某种特定的几何图形按一定规律在平面（二维方向）分布的黑白相同的图形记录数据符号信息的；在代码编制上巧妙地利用构成计算机内部逻辑基础的 0、1 比特流的概念，使用若干个与二进制相对应的几何形体来表示文字数值信息，通过图像输入设备或光电扫描设备自动识读以实现信息自动处理。它具有条码技术的一些共性——每种码制有其特定的字符集，每个字符占有一定的宽度，具有一定的校验功能，对不同行的信息自动识别，处理图形旋转变化等。

（1）二维条码的码制。二维条码有许多不同的编码方法，或称码制。根据码制的编码原理，通常可以分为三种类型。

（2）世界各国二维条码的技术选择。目前全球一维条码、二维条码超过 250 种，其中常见的有 20 余种。目前国内二维条码产品大多源自国外的技术，如源自美国的 PDF417 码、日本的 QR 码、韩国的 DM 码，另外，我国自行研发的有 GM 码和 CM 码。

美国以 PDF417 码为主，全称为 Portable Data File，意为"便携数据文件"，PDF 码是美国讯宝（Symbo）科技公司研发并推广的堆叠式二维条码标准。

日本以 QR 码为主，全称为 Quick Response，意思是"快速响应"码。QR 码是日本登索（Denso）公司于 1994 年 9 月研制的一种矩阵二维条码符号，是日本主流的手机二维条码技术标准，除可表示日语中假名和 ASCII 码字符集外，还可高效地表示汉字。由于该码的发明企业放弃其专利权而供任何人或机构任意使用，现已成为全球使用面最广的一种二维条码。

韩国以 DM 码为主，全称为 Data Matrix，即"数据矩阵"码。DM 码采用了复杂的纠错码技术，使得该编码具有超强的抗污染能力。DM 码由于其优秀的纠错能力成为韩国手机二维条码的主流技术。

我国 GM 码和 CM 码。GM 和 CM 二维条码标准由信息产业部（现为工业和信息化部）于 2006 年 5 月作为行业推荐标准发布。

GM 码为网格矩阵码（Grid Matrix Code），是一种正方形的二维条码码制，网格矩阵码可以编码存储一定量的数据并提供 5 个用户可选的纠错等级。

CM 码为紧密矩阵（Compact Matrix）码。采用齿孔定位技术和图像分段技术，并通过分析齿孔定位信息和分段信息可快速完成二维条码图像的识别和处理。

（3）QR 码的基本结构。①定位图形：用于对二维码的定位，对每个 QR 码来说，位置都是固定存在的，只是大小规格会有所差异。②校正图形：规格确定，校正图形的数量和位置也就确定了。③格式信息：表示该二维条码的纠错级别，分为 L、M、Q、H。④版本信息：二维条码的规格，QR 码符号共有 40 种规格的矩阵（一般为黑白色），从 $21 \times 2K$（版本 1）到 177×177（版本 40），每一版本符号比前一版本每边增加 4 个模块。⑤数据和纠错码字：实际保存的二维条码信息和纠错码字（用于修正二维条码损坏带来的错误）。

3. 一维条码和二维条码的比对分析

一维条码和二维条码的原理都是用符号来携带资料，完成资料的自动辨识；但是从应用的观点来看，一维条码偏重于"标识"商品，二维条码偏重于"描述"商品。

以下对二者从多方面进行比较。一维条码的外观由纵向黑条和白条组成，黑白相间，且条纹的粗细也不同，通常条纹下还会有英文字母或阿拉伯数字；二维条码通常为方形结构，不单由横向和纵向的条码组成，而且码区内还会有多边形的图案，纹理为黑白相间，粗细不同，二维条码是点阵形式作用。一维条码可以识别商品的基本信息，如商品代码、价格等，但不能提供更详细的信息，如果要调用更多的信息，需要计算机数据库的进一步配合。二维条码不但具备识别功能，而且可显示更详细的商品内容（如一件衣服的二维条码，不但可以显示衣服的名称和价格，还可以显示采用材料、每种材料的百分比、衣服尺寸及一些洗涤注意事项等），无须计算机数据库的配合，简单方便。优缺点较比，一维条码技术成熟，使用广泛，信息量少，只支持英文或数字；设备成本低廉，需与计算机数据库结合；二维条码点阵图形，信息密度高，数据量大，具备纠错能力，编码有专利权、需支付费用；生成后不可更改，安全性高；支持多种文字，包括英文、中文、数字等。

一维条码容量密度低，容量小；二维条码密度高，容量大。一维条码可以通过检验码进行错误侦测，但没有错误纠正能力，二维条码有错误检验及错误纠正能力，并可根据实际应用来设置不同的安全等级。对于一维条码，垂直方向的高度是为了识读方便，并弥补印刷缺陷或局部损坏；对于二维条码，垂直方向携带资料，对印刷缺陷或局部损坏等问题可以通过错误纠正机制来恢复资料。

一维条码主要用于对物品的标识，二维条码用于对物品的描述。一维条码多数场合须依赖资料库及通信网络的存在，其识读设备可用线性扫描器识读，如光笔、线性 CCD、激光枪等。二维条码识读设备，对于堆叠式可用线性扫描器的多次扫描来识读，或可用图像扫描仪识读，矩阵式则仅能用图像扫描仪识读。

（三）条码的识读技术

条码符号是图形化的编码符号，对条码符号的识读要借助一定的专用设备，将条码符号中含有的编码信息转换成计算机可识读的数字信息。

1. 条码识读系统概述

条码识读系统是条码系统的组成部分，具体组成如下。

（1）光学系统：产生并发出一个光点，在条码表面扫描，同时接收反射回来（有强弱、时间长短之分）的光。

（2）探测器：将接收到的信号不失真地转换成电信号（完全不失真是不可能的）。

（3）整形电路：将电信号放大、滤波、整形，并转换成脉冲信号。

（4）译码器：将脉冲信号转换成 0、1 码形式，之后将得到的 0、1 码字符串信息存储到指定位置。

2. 常见条码识读设备

条码常用识读设备有光笔、电子耦合器件手持式条码扫描器、激光扫描器、影像型红光条码阅读器、固定式条码扫描器、条码数据采集器等。

（1）光笔。这是最早出现的一种手持接触式条码扫描器，使用时需将光笔接触到条码表面，匀速划过。光笔的优点是质量轻，条码长度不受限制；但对操作人员要求较高，因为条码容易产生损坏，首读成功率低，误码率较高。

（2）电子耦合器件手持式条码扫描器。比较适合近距离识读条码，价格比手持式激光条码扫描器便宜，内部没有移动器件，可靠性高；但是受阅读景深和宽度的限制，对条码尺寸和密度有限制，并且在识读弧形表面的条码时，会有一定困难。

（3）激光扫描器。各项功能指标最高，被广泛应用，可以远距离识读条码，阅读距离超过 30 cm，首读识别率高，识别速度快，误码率极低，对条码质量要求不高，但产品价格较高。

（4）影像型红光条码阅读器。可替代激光条码扫描器，扫描景深达 30 cm，配合高达 300 次 / 秒的扫描速度，具有优异的读码性能，独特的影像式设计令其解码能力极强。

（5）固定式条码扫描器。又称为平板式条码扫描器、台式条码扫描器。目前商场使用的大部分是固定式条码扫描器，再配以手持式条码扫描器。这类扫描器的光学分辨率在 300 ~ 8 000 dpi，色彩位数在 24 ~ 48 位，扫描幅面一般为 A3 或 A4。

（6）条码数据采集器。把条码识读器和具有数据存储、处理、通信传输功能的手持数据终端设备结合在一起，成为条码数据采集器，它是手持式条码扫描器和掌上电脑的结合体。

3. 选择条码扫描器的标准

在条码扫描器的具体选择过程中，可考虑以下指标，综合选择。

（1）与条码符号（条码密度、长度）相匹配。若条码符号是彩色的，则最好选用波长为 633 nm 的红光，以避免对比度不足。

（2）首读率。在一些无人操作的工作环境中，首读率尤为重要。

（3）工作空间。工作空间决定着工作距离和扫描景深，一些特殊场合，如仓库、车站、物流系统，对空间的要求比较高。

4. 条码识读注意事项

条码的识读设备选好后，可以仔细查看设备说明，根据说明书要求，尝试条码识读器的具体操作，下面是红光一维扫描枪的操作过程：

（1）确保条码扫描器、数据线、数据接收主机和电源等已正确连接后开机。

（2）按住扫描器的触发键不放，照明灯被激活，出现红色照明线，将红色照明线对准条码中心，移动条码扫描器调整识读器与条码之间的距离，来找到最佳识读距离。

（3）听到成功提示音响起，同时红色照明线熄灭，则读码成功，条码扫描器将解码后的数据传输至主机。

条码是靠"条"与"空"对光的反射率的不同来识读的，"条"与"空"的反射率的差别越大，越容易识别。黑色和白色对光的反射率差别最大，因此是最安全的颜色搭配。

经过大量试验证明，以下几种颜色印刷的条码均可以正确识读。可以做"条"的颜色有黑色、蓝色、深绿色、深棕色；可以做"空"的颜色有白色、黄色、橙色、红色。其中红色是比较特殊的颜色，表面上看起来并不是浅色调，由于各类可见光扫描器所使用的光源均是波长在 630 ~ 670 nm 的红光，而红色对红光具有较强的反射作用，类似于白色的阳光照到白纸上，因此，红色可以用来做"空"的颜色，但绝对不能做"条"的颜色。

二、射频识别系统概述

射频识别技术在北美洲、欧洲、大洋洲、亚太地区及非洲南部被广泛应用于工业自动化、商业自动化、交通运输控制管理等众多领域，如汽车、火车等交通监控，高速公路自动收费系统，停车场管理系统，物品管理，流水线生产自动化，安全出入检查，仓储管理，动物管理，车辆防盗等。

（一）射频识别系统的特点及应用领域

第二次世界大战期间，射频识别技术最早应用于跟踪技术，作为全新的无线通信技术，利用射频方式进行非接触双向通信，以达到自动识别目标对象并获取相关数据的目的。

射频识别可以通过无线电信号识别特定目标并获取相关的数据信息，即无须在识别系统与特定目标之间建立机械或光学接触，利用射频信号通过空间耦合（交变磁场或电磁场）实现无接触信息传递，并通过所传递的信息达到识别目的；是一种无须人工干预的非接触式的自动识别技术；是自动识别技术的高级形式。

一般来说，射频识别系统主要由射频标签（Tag）、阅读器（Reader）以及数据交换与管理系统（Processor）三大部分组成。从信息的传递方式来看，射频识别技术存在两种耦合方式：在低频段，射频识别采用变压器耦合模型（在初、次级线圈之间传递能量及信号），在高频段则采用雷达探测目标的空间耦合模型（电磁波空间发射时在碰到目标后携带目标信息返回到雷达）。

射频识别技术的主要核心部件是电子标签，通过相距几厘米到几米距离的读写器发射的无线电波，可以读取电子标签内储存的信息，识别电子标签代表的物品、人和器具的身份。由于射频识别标签的存储容量可以达到 2^{96} 以上，它彻底摆脱了条码的种种限制，使世界上的每一种商品都可以拥有独一无二的电子标签。况且，贴上这种电子标签之后的商品，从它在工厂的流水线开始，到被摆上商场的货架，再到消费者购买后结账，甚至到标签最后被回收的整个过程都能够被追踪管理。

射频识别在国外发展非常迅速，射频识别产品种类繁多。在国外的应用中，已经形成了从低频到高频，从低端到高端的产品系列和比较成熟的射频识别产业链。在国内，低频射频识别技术在应用方面比较成熟，高频射频识别技术水平也在提高，应用也有相当的规模。随着市场的不断拓展，射频识别标签向多元化、多功能、多样式、低成本、高内存、高安全性等方向发展，将形成新的物联网应用。我国射频标签应用最大的项目是第二代居民身份证，由于我国射频识别技术起步较晚，目前主要应用于公共交通、社会保障等方面。

射频识别技术在发展中不断结合其他高新技术，如 GPS、生物识别等技术，由单一识别向多功能识别方向发展的同时，也将结合现代通信及计算机技术，实现跨地区、跨行业应用。

1. 射频识别系统特点

射频识别技术是一项易于操控、简单实用且特别适合用于自动化控制的灵活性应用技术，射频识别系统主要特点如下：

（1）读取方便快捷。数据的读取无须光源，甚至可以透过外包装来进行。有效识别距离更大，采用自带电池的主动标签时，有效识别距离可达到30 m以上。

（2）识别速度快。标签一进入磁场，解读器就可以即时读取其中的信息，而且能够同时处理多个标签，实现批量识别。

（3）数据容量大。数据容量最大的二维条码（PDF417），最多也只能存储2 725个数字，若包含字母，存储量则会更少；射频识别标签则可以根据用户的需要扩充到几十千字节的存储空间。

（4）使用寿命长，应用范围广。无线电通信方式，使其可以应用于粉尘、油污等高污染环境和放射性环境，而且封闭式包装使得其使用寿命大大超过印刷的条码。

（5）标签数据可动态更改。利用编程器可以向标签写入数据，从而赋予射频识别标签交互式便携数据文件的功能，而且写入时间比打印条码更少。

（6）具有更高的安全性。不仅可以嵌入或附着在不同形状、类型的产品上，而且可以为标签数据的读写设置密码保护，从而具有更高的安全性。

（7）动态实时通信。标签以50 ~ 100次/秒的频率与解读器进行通信，所以只要射频识别标签所附着的物体出现在解读器的有效识别范围内，就可以对其位置进行动态的追踪和监控。

目前，射频识别的总体成本一直处于下降之中，越来越接近接触式IC卡的成本，甚至更低，从而为其大量应用奠定了基础。如果射频识别技术能与电子供应链紧密联系，就可取代条码扫描技术。

2. 射频识别系统的应用领域

射频识别技术广泛应用于生产、物流、交通、运输、医疗、防伪、跟踪、设备和资产管理等需要收集和处理数据的应用领域。如今，我国已建立了多个具有一定规模的产业化基地，如上海射频识别产业化基地和广东佛山射频识别应用系统的应用试点等。

（1）身份识别。基于射频识别技术的第二代居民身份证，利用射频识别技术将射频芯片（芯片采用符合 ISCVIEC14443-B 标准的 13.56 MHz 的电子标签）嵌入其中，作为国家法定证件和居民身份证号码的法定载体，提高了我国人口管理工作现代化水平，推动了我国信息化建设，保障了人们的合法权益，便于人们进行社会活动等。

射频识别技术在身份证应用方面的主要趋势是将电子护照、医疗保险、退休证、结婚证等具有社会性质的证明信息都附加其中，真正做到一证多用。

奥运会期间每天都会有大量运动员、教练员、赛会管理人员、志愿者、媒体记者出入各奥运赛场、新闻中心、奥运村等重要场所，采用射频识别技术的身份卡与相关的计算机系统相连，能够有效实现对这些人员的跟踪和管理。

奥运会期间被监控的食品将拥有一个"电子身份证"——射频识别电子标签，并建立奥运食品安全数据库。射频识别电子标签从种植、养殖及生产加工环节开始，实现"从农田到餐桌"全过程的跟踪和追溯，包括运输、包装、分装、销售等过程中的全部信息，如生产基地、加工企业、配送企业等都能通过电子标签在数据库中查到。

奥运会期间有大量的贵重资产被赛会参与者使用，如计算机、复印机等。通过在贵重资产上粘贴射频识别标签，系统能够识别未经授权的资产迁移，从而保障这些资产的安全。

（2）公共交通管理。射频识别技术的应用，提高了公路的交通能力、车辆运行效率，降低了油耗和车辆损耗，减少了尾气排放，达到了节约能源和保护环境的目的。例如，电子不停车收费系统（ETC），达到车辆通过路桥收费站不需停车便能交纳路桥费的目的。

（3）生产的自动化及过程控制。射频识别技术因其具有抗恶劣环境能力强、非接触识别等特点，在生产过程控制中有很多应用。通过在大型工厂的自动化流水作业线上使用射频识别技术，实现了物料跟踪和生产过程自动控制、监视，提高了生产率，改进了生产方式，节约了成本。

（4）电子票证。使用射频识别标签来代替各种"卡"，实现非现金结算，解决了现金交易不方便、不安全，以及以往的各种磁卡、IC 卡容易损坏等问题。射频识别标签使用方便、快捷，还可以同时识别几张标签，并行收费。

射频识别系统，特别是非接触 IC 卡（电子标签）应用潜力最大的领域之一就是公共交通领域。使用电子标签作为电子车票，具有使用方便、缩短交易时间、降低运营成本等优势。

（5）动物跟踪和管理。射频识别技术可以用于动物跟踪与管理。将用小玻璃封装的射频识别标签植于动物皮下，可以标识牲畜、监测动物健康状况等重要信息，为牧（禽）场的管理现代化提供可靠的技术手段。

在大型养殖场，可以通过采用射频识别技术建立饲养档案、预防接种档案等，达到高效、自动化管理畜禽的目的，同时为食品安全提供保障。射频识别技术还可用于信鸽比赛、赛马识别等，以准确测定到达时间。

（6）射频识别技术在邮政行业的应用。射频识别已经被成功应用到邮政领域的邮包自动分拣系统中，包裹传送中可以不考虑包裹的方向性问题，可以同时识别进入识别区域的多个目标，大大提高了货物分拣能力和处理速度。由于电子标签可以记录包裹的所有特征数据，更有利于提高邮包分拣的准确性。

（7）门禁保安。门禁保安系统都可以应用射频标签，一卡可以多用，如工作证、出入证、停车证、饭店住宿证甚至旅游护照等，可以有效地识别人员身份，进行安全管理及高效收费，简化了出入手续，提高了工作效率，并且有效地进行了安全保护。人员出入时自动识别身份，非法闯入时会有报警。

（8）防伪。伪造问题在世界各地都是令人头疼的问题，现在应用的防伪技术，如全息防伪等同样也可能被不法分子伪造。将射频识别技术应用在防伪领域有其自身的技术优势，它具有成本低但却很难伪造的优点。射频识别标签的成本相对便宜，且芯片的制造需要有高规格的芯片工厂，使伪造者望而却步。射频识别标签本身具有内存，可以存储、修改与产品有关的数据，利于进行真伪的鉴别。利用这种技术不用改变现行的数据管理体制，唯一的产品标识号完全可以做到与已有数据库体系兼容。

酒类产品是一种重要的日常消费品，其质量关乎人的健康。中科院自动化研究所射频识别研究中心研制出一种酒类包装的切割带，由特殊设计的瓶盖、瓶体、射频识别读写器、通信网络和防伪数据库服务器组成。既不会破坏酒类包装本身，也不会泄露产品信息，可以达到有效防伪的目的，同时杜绝了旧瓶装假酒重新上市的可能。

（9）运动计时。在马拉松比赛中，由于参赛人员太多，如果没有一个精确的计时装置就会造成不公平的竞争。射频识别标签应用于马拉松比赛的精确计时，这样每个运动员都有自己的起始和结束时间，不公平的竞争就不会出现了。射频识别技术还可应用于汽车大奖赛上的精确计时。

（10）危险品管理。危险品事故发生的主要环节有生产、存储、运输和使用四个环节，实现对危险品的实时跟踪，可以减少危险品事故的发生，同时解决了危险品事故发生后法律责任追究困难的问题。使用射频识别标签对危险品生产、存储、运输、使用等过程进行信息记录，并通过网络技术保证信息的有效传输和实时显示，实现危险品在整个生命周期完全处于相关部门的有效监控和管理之内。

（二）射频识别系统的组成

通常，射频识别系统包括前端的射频部分和后台的计算机信息管理系统。射频部分由射频识别电子标签、射频识别读写器及计算机通信网络三部分组成，一个完整的射频识别系统还需要物体名称服务系统和物理标记语言两个关键部分。

1. 射频识别系统电子标签

射频识别系统电子标签又称智能标签，存储着需要被识别物品的相关信息，通常被放置在需要识别的物品上，具有智能读写和加密通信的功能。通过无线电波与射频读写器进行非接触方式交换数据。

通常电子标签的芯片体积很小，厚度一般不超过 0.35 mm，可以印制在纸张、塑料、木材、玻璃、纺织品等包装材料上，也可以直接制作在商品标签上，通过自动贴标签机进行自动贴标。

2. 读写器与计算机通信网络

读写器用于产生和发射无线电射频信号并接收由标签反射回的无线电射频信号，经处理后获取标签数据信息。

在射频识别系统中，计算机通信网络通常用于对数据进行管理，完成通信和数据传输功能。电子标签和读写器之间的数据通信是为应用服务的，读写器和应用系统之间通常有多种接口，接口具有以下功能：应用系统根据需要，向读写器发出读写器配置命令；读写器向应用系统返回所有可能的读写器的当前配置状态；应用系统向读写器发送各种命令；读写器向应用系统返回所有可能命令的执行结果。

（三）射频识别系统的工作原理

1. 射频识别系统的基本工作原理

通过计算机通信网络将各个监控点连接起来，构成总控信息平台，根据不同的项目设计不同的软件来实现功能。

（1）读写器将设定数据的无线电载波信号经过发射天线向外发射。

（2）当射频标签进入发射天线的工作区，射频标签被激活后即将自身信息代码经天线发射出去。

（3）系统的接收天线接收到射频标签发出的载波信号，经天线的调节器传给读写器。读写器对接到的信号进行解调解码，送到后台计算机控制器。

（4）计算机控制器根据逻辑运算判断该射频标签的合法性，针对不同的设定做出相应的处理和控制，发出指令信号。

（5）按计算机的指令信号执行机械动作。

2. 通信和能量感应方式与数据传输原理

从电子标签到读写器之间的通信和能量感应方式来看，射频识别系统一般可以分为电感耦合（磁耦合）系统和电磁反向散射耦合（电磁场耦合）系统。

（1）电感耦合系统通过空间高频交变磁场实现耦合，依据的是电磁感应定律。一般适合于中、低频率工作的近距离射频识别系统。

（2）电磁反向散射耦合，即雷达原理模型，发射出去的电磁波碰到目标后反射，同时携带回目标信息，依据的是电磁波的空间传播规律。一般适合于高频、微波工作频率的远距离射频识别系统。

在射频识别系统中，读写器和电子标签之间的通信是通过电磁波实现的。按照通信距离，可以划分为近场和远场。相应地，读写器和电子标签之间的数据交换方式也被划分为负载调制和反向散射调制。

近距离低频射频识别系统是通过准静态场的耦合来实现的。在这种情况下，读写器和电子标签之间的天线能量交换方式类似于变压器模型，称之为负载调制。负载调制实际是通过改变电子标签天线上的负载电阻的接通和断开，来使读写器天线上的电压发生变化。实现用近距离电子标签对天线电压进行振幅调制。如果通过数据来控制负载电压的接通和断开，那么这些数据就能够从电子标签传输到读写器了。这种调制方式在 125 kHz 和 13.56 MHz 射频识别系统中得到了广泛应用。

反向散射调制是指在无源射频识别系统中，电子标签将数据发送回读写器时所采用的通信方式。电子标签返回数据的方式是控制天线的阻抗。控制电子标签天线阻抗的方法有很多种，都是一种基于"阻抗开关"的方法。实际采用的几种阻抗开关有变容二极管、逻辑门、高速开关等。要发送的数据信号是具有两种电平的信号，通过一个简单的混频器（逻辑门）与中频信号完成调制，调制结果连接到一个"阻抗开关"，由阻抗开关改变天线的发射系数，从而对载波信号完成调制。

反射散射调制方式和普通的数据通信方式有很大的区别。在整个数据通信链路中，仅仅存在一个发射机，却完成了双向的数据通信。电子标签根据要发送的数据通过控制天线开关，从而改变匹配程度。电磁波从天线向周围空间发射，会遇到不同的目标。到达目标的电磁能量一部分被目标吸收，另一部分以不同的强度散射到各个方向上去。反射能量的一部分最终返回到发射天线。

对于无源电子标签来说，还涉及波束供电技术，无源电子标签工作所需能量直接从电磁波束中获取。与有源射频识别系统相比，无源系统需要较大的发射功率，电磁波在电子标签上经过射频检波、倍压、稳压、存储电路处理，转化为电子标签工作时所需的工作电压。这种调制主要应用在 915 MHz、2.45 GHz 或者更高频率的系统中。

3. 射频识别系统工作的信道中的事件模型

在射频识别系统工作过程中，始终以能量作为基础，通过一定的时序方式来实现数据交换。因此，在射频识别系统工作的信道中存在三种事件模型。

（1）以能量提供为基础的事件模型。读写器向电子标签提供工作能量。对于无源标签来说，当电子标签离开读写器的工作范围后，电子标签由于没有能量激活而处于休眠状态。当电子标签进入读写器的工作范围后，读写器发出的能量激活了电子标签，电子标签通过整流的方法将接收到的能量转换为电能存储在电子标签内的电容器里，从而为电子标签提供工作能量。对于有源标签来说，有源标签始终处于激活状态，与读写器发出的电磁波相互作用，具有较远的识别距离。

（2）以时序方式实现数据交换的事件模型。时序指的是读写器和电子标签的工作次序。通常有两种时序：一种是读写器先发言（RTF）；另一种是标签先发言（TTF），这是读写器的防冲突协议方式。

在一般状态下，电子标签处于"等待"或"休眠"工作状态，当电子标签进入读写器的作用范围时，检测到一定特征的射频信号，便从"休眠"状态转到"接收"状态，接收读写器发出的命令后，进行相应的处理，并将结果返回读写器。这类只有接收到读写器特殊命令才发送数据的电子标签被称为读写器先发言方式；与此相反，进入读写器的能量场就主动发送自身序列号的电子标签，被称为标签先发言方式。

标签先发言和读写器先发言协议相比，标签先发言方式的射频标签具有识别速度快等特点，适用于需要高速应用的场合；另外，它在噪声环境中更稳健，在处理标签数量动态变化的场合也更为实用。因此，更适于工业环境的跟踪和追踪应用。

（3）以数据交换为目的的事件模型。读写器和标签之间的数据通信包括了读写器向电子标签的数据通信和电子标签向读写器的数据通信。在读写器与电子标签的数据通信中，又包括了离线数据写入和在线数据写入。在电子标签与读写器的数据通信中，工作方式包括两种：第一种，电子标签被激活以后，向读写器发送电子标签内存储的数据；第二种，电子标签被激活以后，根据读写器的指令，进入数据发送状态或休眠状态。

（四）射频识别系统工作的标准体系结构

标准化是指对产品、过程或服务中的现实和潜在的问题做出规定，提供可共同遵守的工作语言，以利于技术合作和防止贸易壁垒。射频识别标准体系是指制定、发布和实施射频识别标准，解决编码、数据通信和空中接口共享问题，以促进射频识别在全球跨地区、跨行业和跨平台的应用。射频识别技术的应用前景广阔，开展射频识别技术应用标准体系的研究，可以加快射频识别技术在各行业的应用，提高射频识别技术的应用水平，促进物流、电子商务等技术的发展。

1. 射频识别标准化组织

与射频识别技术和应用相关的国际标准化机构主要有国际标准化组织、国际电工委员会（International Electrotechnical Commission，IEC）、国际电信联盟、万国邮政联盟（Universal Postal Union，UPU）。此外还有其他的区域性标准化机构、国家标准化机构（如 BSI、ANSI、DIN）和产业联盟（如 ATA、AIAG、EIA）等也制定了与射频识别相关的区域、国家或产业联盟标准，并通过不同的渠道提升为国际标准。

目前全球有三大射频识别标准组织，分别代表不同国家和不同组织的利益。这些不同的标准组织各自推出了自己的标准，这些标准互不兼容。

EPC-Global 的目标是解决供应链的透明性和追踪性，透明性和追踪性是指供应链各环节中所有合作伙伴都能够了解单件物品的相关信息，为此 EPC-Global 制定了产品电子编码标准，它可以实现对所有物品提供单件唯一标识；也制定了空中接口协议、读写器协议。

日本泛在中心制定射频识别相关标准的思路类似于 EPC-Global，目标也是构建一个完整的标准体系，即从编码体系、空中接口协议到泛在网络体系结构，但是每一部分的具体内容都存在差异。

2. 我国射频识别标准体系研究的发展前景

为了进一步推进我国电子标签标准的研究和制（修）定工作，做好标准化对电子标签技术创新和产业发展的支撑，2005 年 10 月信息产业部科技司批准成立"电子标签标准工作组"。经过十多年的努力，我国射频识别技术标准从无到有已经发布的基础性、应用性标准达上百项。

我国在射频识别技术与应用的标准化研究工作上已有一定基础，目前已经从多个方面开展了相关标准的研究制定工作。例如，制定了《中国射频识别（RFID）技术政策白皮书》《建设事业 IC 卡应用技术》等应用标准，并且得到了广泛的应用：在频率规划方面，做了大量的试验；在技术标准方面，依据 ISO/IEC15693 系列标准基本完成国家标准的起草工作，参照 ISO/IEC18000 系列标准制定国家标准的工作已列入国家标准制定计划。此外，我国射频识别标准体系框架的研究工作也基本完成。

（五）射频识别系统工作的频率标准和技术规范

射频识别系统工作时不能对其他无线电服务造成干扰或削弱，特别是应该保证射频识别系统不会干扰附近的无线电广播和电视广播、移动的无线电服务、航运航空用无线电服务、移动电话等。因而通常只能使用特别为工业、科学和医疗应用而保留的频率范围。这些频率范围在世界范围内是统一划分的。

1. 射频识别系统工作的频率标准

系统工作发送无线信号时所使用的频率被称为射频识别系统的工作频率，基本上划分为四个范围：低频（30 ~ 300 kHz）、中高频（3 ~ 30 MHz）和超高频（300 MHz ~ 3 GHz）以及微波（2.45 GHz 以上）。低频系统用于低成本、数据量少、短距离（通常是 10 cm 左右）的应用中；中高频系统用于低成本、传送大量数据、读写距离较远（可达 1 m 以上）、适应性强的应用中；超高频系统应用于需要较长的读写距离和较高的读写速度的场合。

2. 射频识别系统工作的技术规范

射频识别系统主要由数据采集和后台数据库网络应用系统两大部分组成。目前已经发布或正在制定中的标准主要是与数据采集相关的，其中包括电子标签与读写器之间的空中接口、读写器与计算机之间的数据交换协议、射频识别标签与读写器的性能和一致性测试规范以及射频识别标签的数据内容编码标准等。后台数据库网络应用系统目前并没有形成正式的国际标准，只有少数产业联盟制定了一些规范，现阶段还在不断演变中。

从类别看，射频识别标准可以分为以下四类：技术标准（如符号、射频识别技术、IC 卡等）、数据内容与编码标准（如编码格式、语法等）、性能与一致性标准（如测试规范等）、应用标准（如船运标签、产品包装等）。其中编码标准和通信协议（通信接口）是争夺比较激烈的部分，它们也构成了射频识别标准的核心。具体来讲，射频识别相关的标准涉及电气特性、通信频率、数据格式和元数据、通信协议、安全、测试、应用等方面。

从国际上来看，美国已经在射频识别标准的建立、相关软硬件技术的开发及应用领域走在了世界的前列。欧洲射频识别标准追随美国主导的 EPC-Global 标准。在封闭系统应用方面，欧洲与美国基本处于同一阶段。日本虽然已经提出 UID 标准，但主要靠本国厂商支持，如要成为国际标准还有很长的路要走。韩国政府对射频识别给予了高度重视，但在射频识别标准方面仍然模糊不清。

从国内来看，只有少数单位在试点应用射频识别技术，但所有用户无一例外地在闭环中试点应用射频识别。射频识别的使用频率国内还没有完全开放。当前国际上在 UHF 频段的射频识别技术主要使用 430 MHz 左右和 860~960 MHz 的频率，但在我国 430 MHz 频段属于专用频段，现阶段开放此频段的射频识别业务的条件不成熟。860 ～ 960 MHz 频段的主要业务为固定和移动业务，次要业务为无线电定位。国内射频识别产业发展滞后。芯片设计与制造、天线设计与制造、标签封装及封装设备制造、读写设备开发、数据管理软件设计等，一个个生产环节构成了一条完整的射频识别产业链。产业发展滞后严重影响了标准的制定，而标准的不统一又反过来制约了产业的发展。最后是应用的落后，由于标准的不统一，致使厂家只能研制兼容多个标准的产品，严重影响了应用的发展。

（六）射频识别系统工作的电子标签与读写器

1. 射频识别系统工作的电子标签

电子标签由集成电路芯片、天线和标签外壳组成。其中，集成电路芯片用于保存该标签所在物品的个体信息，包含串行电可擦除可编程只读存储器、加密逻辑、射频手法电路和微处理器；天线通常是印制电路天线，用于接收来自读写器的信息并发送信息。电子标签是一种突破性的技术，可以识别单个物体；采用无线电射频，可以透过外部材料读取数据；可以同时对多个物体进行识读；存储的信息量也非常大。

在电子标签中存储了规范可用的信息，通过无线数据通信可以被自动采集到系统中，每个标签具有唯一的电子编码，附着在物体目标对象上。电子标签内编写的程序可按特殊的应用进行随时读取和改写。

电子标签通常具有一定的存储容量，可以存储被识别物品的相关信息；在一定的工作环境及技术条件下，电子标签存储的数据能够被读出或写入，维持对识别物品的识别及相关信息的完整；数据信息编码后，及时传输给读写器；可编程，并且在编程以后，永久性数据不能再修改；具有确定的使用期限，使用期限内不需维修；对于有源标签，通过读写器能够显示电池的工作状况。

（1）电子标签的基本组成。电子标签从功能上说，一般由时钟、存储器、编码发生器、调制器以及天线组成。

时钟把所有电路功能时序化，以使存储器中的数据在精确的时间内被传送到读写器；存储器中的数据是应用系统规定的唯一性编码，在电子标签被安装在识别对象上以前已被写入。数据读出时，编码发生器把存储器中存储的数据编码，调制器接收由编码器编码后的信息，并通过天线电路将此信息发射/反射到读写器。数据写入时，由控制器控制，将天线接收到的信号解码后写入存储器。

（2）电子标签的种类和特点。

①内部有电池提供电源的电子标签。有源标签的作用距离较远，但是使用寿命有限、体积较大、成本较高，并且不适合在恶劣环境下工作，需要定期更换电池。

②内部没有电池提供电源的电子标签。无源标签的作用距离相对有源标签要近，但是其使用寿命较长，并且对工作环境要求不高。一般含有电源，和被动式标签相比，它的识别距离更远。被动式标签使用调制散射方式发射数据，必须利用读写器的载波来调制自己的信号，主要应用在门禁或交通中。被动式标签既可以是有源标签，也可以是无源标签。只对标签内数字电路供电，标签只有被读写器发射的电磁信号激活时，才能传送自身的数据。

③内容只能读出不可写入的电子标签是只读型标签。只读型标签所具有的存储器是只读型存储器。标签的内容既可被读写器读出，即可以只具有读写型存储器，也可以同时具有读写型存储器和只读型存储器。读写型标签应用过程中数据是双向传输的。工作频率在 30 ~ 300 kHz，典型的工作频率是 125 kHz 和 133（134）kHz，成本低，保存数据量少，读写距离短（通常在 10 cm 左右）。一般为无源标签，其工作能量通过电感耦合方式从读写器耦合线圈的辐射近场中获得。

④中高频标签。工作频率在 3 ~ 30 MHz，典型的工作频率是 13.56 MHz，成本低，保存数据量较大，读写距离较远（可达 1 m 以上），适应性强，外形一般为卡状，读写器和标签天线均有一定的方向性。一般也采用无源标签，其工作能量也是通过电感（磁）耦合方式从读写器耦合线圈的辐射近场中获得的。

⑤超高频与微波标签。工作频率在 300 MHz ~ 3 GHz 或者大于 3 GHz。典型的工作频率为 433.92 MHz、862（902）~ 928 MHz、2.45 GHz、5.8 GHz，分为有源标签与无源标签两类，标签与读写器之间的耦合方式为电磁耦合方式，相应的射频识别系统阅读距离一般大于 1 m，典型情况为 4 ~ 6 m，可达 10 m 以上。读写器天线一般均为定向天线，只有在读写器天线定向波束范围内的射频标签可被读 / 写。

（3）射频识别标签的性能特点。①快速扫描。射频识别辨识器可同时辨识读取数个射频识别标签。②体积小型化、形状多样化。射频识别在读取上并不受尺寸大小与形状限制，可应用于不同产品。③抗污染能力和耐久性。对水、油和化学药品等物质具有很强的抵抗性。④可重复使用。可以重复地新增、修改、删除射频识别卷标内存储的数据，方便信息的更新。⑤穿透性和无屏障阅读。能够穿透纸张、木材和塑料等非金属或非透明的材质，并能够进行穿透性通信。⑥数据的记忆容量大。射频识别最大的容量有数兆，且有不断扩大的趋势。⑦安全性。数据内容可经由密码保护，使其内容不易被伪造及变造。

（4）射频识别标签常见形态，电子标签是将核心的 IC 芯片与天线和胶片合为一体的镶嵌片。现场使用的标签有时要把镶嵌片封装在纸张、塑料、陶瓷上，以便印刷文字，并把这种标签用不干胶或其他方法粘贴或固定在物品或包装箱上。

（5）射频识别标签的选择原则，在工业、商业、服务业中，需要进行数据采集的每一个环节都可以使用电子标签。厂商提供的标准规格中一般包括电子标签的发射频率、接收频率、内存、多个标签处理能力、工作频率、唤醒频率、唤醒范围、标签读取范围、信号强度、电源、工作温度、存储温度、尺寸、质量等多个有关特性参数的数据。

在选定标签时，不但要观察 IC 芯片的外观，还要测试其性能和功能是否与实际应用环境相匹配。因此，选择时务必选定与用途相匹配、有效果且效率高的标签。

2. 射频识别系统读写器的组成

射频识别读写器又称为"射频识别阅读器"，即无线射频识别，通过射频识别信号自动识别目标对象并获取相关数据，无须人工干预，可识别高速运动物体并可同时识别多个射频识别标签，操作快捷方便。射频识别读写器有固定式的和手持式的，手持式射频识别读写器包含低频、高频、超高频、有源等。

典型的射频识别阅读器包含高频模块（发送器和接收器）、读写器天线以及控制单元和接口电路，主要负责与电子标签的双向通信，同时接收来自主机系统的控制指令。射频识别阅读器的频率决定了射频识别系统工作的频段，其功率则决定了射频识别的有效距离。读写器按照其外形分类可以分为工业读写器、固定式读写器、OEM 模块、手持机、发卡机。

（七）射频识别系统防碰撞技术

1. 射频识别系统中的碰撞情况

（1）多标签碰撞。鉴于多个电子标签工作在同一频率，当它们处于同一个读写器作用范围内时，在没有采取多址访问控制机制情况下，信息传输过程将产生冲突，导致信息读取失败。

（2）多读写器碰撞。多个阅读器之间工作范围重叠也将造成冲突。

2. 射频识别系统中防碰撞算法

为了防止上述冲突的产生，射频识别系统中需要设置一定的相关命令，解决冲突问题，这些命令被称为防碰撞命令或算法。

在射频识别系统中，防碰撞算法一般情况下多采用多路存取法，使射频识别系统中读写器与应答器之间的数据完整地传输。其中标签防碰撞算法大多采用时分多路法，具体又分为非确定性算法和确定性算法。

（1）非确定性算法，也称标签控制法，读写器没有对数据传输进行控制，标签的工作是非同步的，标签获得处理的时间不确定，因此标签存在"饥饿"问题。ALOHA 算法是一种典型的非确定性算法，使用 ALOHA 协议的标签，通过选择经过一个随机时间向读写器传送信息的方法来避免冲突。其实现简单，广泛用于解决标签的碰撞问题。

（2）确定性算法，也称读写器控制法，由读写器观察控制所有标签。按照规定算法，在读写器作用范围内，选中一个标签，在同一时间内读写器与一个标签建立通信关系。树分叉算法是典型的确定性算法，该算法比较复杂，识别时间较长，但无标签"饥饿"问题。树分叉算法泄露的信息较多，安全性较差。

（八）射频识别系统的安全构建

射频识别系统容易遭受各种主动和被动攻击的威胁，其本身的安全问题可归纳为隐私和认证两个方面：在隐私方面主要是可追踪性问题，即如何防止攻击者对射频识别标签进行任何形式的跟踪；在认证方面主要是要确保只有合法的阅读器才能够与标签进行交互通信。

1. 射频识别系统安全问题

（1）信息传输安全问题。物联网终端很多时候都是通过无线电波传输信号的，智能物品感知信息和传递信息基本上都是通过无线传输实现的，这些无线信号，存在着被窃取、监听和其他的危险。

（2）数据真实性问题。攻击者可以从窃听到的标签与读写器间的通信数据中获得敏感信息，进而重构 RHD 标签，达到伪造标签的目的。攻击者可利用伪造标签替换原有标签，或通过重写合法的射频识别标签内容，使用低价物品的标签替换高价物品标签，从而非法获益。同时，攻击者也可以通过某种方式隐藏标签，使读写器无法发现该标签，从而成功地实施物品转移。

（3）信息和用户隐私泄露问题。射频识别标签发送的信息包括标签用户或者识别对象的相关信息，这些信息一般包含一些用户的隐私和其他敏感数据。

（4）数据秘密性问题。安全的物联网方案应该可以保证标签中包含的信息只能被授权读写器识别。目前读写器和标签的通信是不受保护的，未采用安全机制的射频识别标签会向邻近的读写器泄露标签内容和一些敏感信息。

（5）数据完整性问题。事实上，除了采用 ISO14443 标准的高端系统（该系统使用了消息认证码）外，在读写器和标签的通信过程中，传输信息的完整性无法得到保障。在通信接口处使用校验和的方法也仅仅能够检测随机错误的发生。如果不采用数据完整性控制机制，则可写的标签存储器有可能受到攻击。

（6）恶意追踪问题。随着射频识别技术的普及，拥有阅读器的人都可以扫描并追踪别人。而且被动标签信号不能切断、尺寸很小，极易隐藏并且使用寿命很长，可以自动化识别和采集数据，这就加剧了恶意追踪的问题。

2. 射频识别系统的安全机制

（1）射频识别系统的安全体系。射频识别系统的安全问题由三个不同层次的安全保障环节组成：一是电子标签制造的安全技术；二是芯片的物理安全技术，如防非法读写、防软件跟踪等；三是卡的通信安全技术，如加密算法等。但在实际使用中，三者之间却没有那么明显的界限，如带 DES、RSA 协处理器的电子标签，利用软硬件一起来实现系统的安全保障体系。

（2）射频识别系统的保密机制。在射频识别系统的应用中，可利用密码技术实现信息安全的保密性、完整性及可获取性等。密码技术在射频识别系统安全中的应用主要有信息的传输保护、认证和授权，以及数字电子签名等几种模式。其中信息的传输保护主要用于 RHD 基本系统，即保护接口设备和电子标签之间传输的命令与数据。信息认证和信息授权则侧重于智能电子标签的应用。

（3）射频识别系统的安全设计。射频识别系统一般采用射频标签的相互对称的鉴别、利用导出密钥的鉴别和加密的数据传输来实现，而对于数据加密部分，还可以和纠错编码处理结合，以提高系统的可靠性和安全性。

①相互对称的鉴别。在射频识别系统中，信息认证主要有两种方式，即信息验证和数字签名。信息验证是最简单的纯认证系统，通过附加一定的信息头或信息尾，使接收方能发现信息是否被篡改。数字签名则能够提供源点鉴别、完整性服务和责任划分等安全保障，因此在射频识别系统中采用数字电子签名的方式来实现较高的安全性。但是所有属于同一应用的电子标签都使用相同的密钥 K 来保护，这对于有大量电子标签的应用来说是一种潜在的危险。

②利用导出密钥的鉴别。对相互对称鉴别过程的主要改进是"每个电子标签用不同的密钥来保护"。为此，在电子标签生产过程中读出它的序列号，用加密算法和主控密钥 KM 计算（导出密钥 KX），而电子标签就这样被初始化了。每个电子标签因此接收了一个与自己的序列号和主控密钥 KM 相关联的密钥。互相鉴别开始于读写器请求电子标签的识别号。在读写器的安全授权模块中，使用主控密钥 KM 来计算电子标签的专有密钥，以便用于启动鉴别过程。通常用具有加密处理器的接触式 IC 卡来作为 SAM 模块，这意味着所存主控密钥不能读出。

③加密的数据传输。一般可以把攻击分成两种类型：攻击者甲的行为表现为被动的，试图通过窃听传输线路以发现秘密信息而达到非法目的；攻击者乙处于主动状态，操纵传输数据并为了个人利益而修改它。加密过程用来防止主动和被动攻击。为此，传送数据（明文）可在传输前改变（加密），使隐藏的攻击者不能推断出信息的真实内容（明文）。方法就是对称密钥法。对射频识别系统来说，迄今只使用对称法。

第三节　物联网卡类、机器视觉与生物特征识别技术

一、物联网卡类识别技术

在现代社会，人们广泛地试用各种卡片，这些卡片虽然只有名片大小，但用途很广：在火车站，通过第二代身份证直接在机器上自助完成购票或取票；学生入校后办理的校园一卡通，可在校园内实现购物、借阅图书等许多功能；在银行，通过银行卡在 ATM 上可以实现存取款等操作。

（一）卡类识别技术的分类

卡类识别技术的产生和推广使用加快了人们日常信息化的速度。用于信息处理的卡片大致分为非半导体卡和半导体卡两大类。非半导体卡包括磁卡、PET 卡、光卡、凸字卡、条码卡等；半导体卡主要有 IC 卡等。

IC 卡也称为集成电路卡，它将一个微电子芯片嵌入符合 ISO7816 标准的卡基中，做成卡片形式，利用集成电路的可存特性，保存、读取和修改芯片上的信息。IC 卡已经被广泛应用于包括金融、交通、社保等很多领域。IC 卡按通信方式又可分为接触式 IC 卡、非接触式 IC 卡（射频卡）和双界面卡，下面重点介绍接触式 IC 卡。

1. 接触式 IC 卡的结构

IC 卡读写器是要能读写，符合 ISO7816 标准的 IC 卡。IC 卡接口电路作为 IC 卡与接口设备（IFD）内 CPU 进行通信的唯一通道，为保证通信和数据交换的安全与可靠，其产生的电信号必须满足特定要求。

接触式 IC 卡的构成可分为半导体芯片、电极模板、塑料基片几部分。接触式 IC 卡获取工作电压的方法：接触式 IC 卡通过其表面的金属电极触点将卡的集成电路与外部接口电路直接接触连接，由外部接口电路提供卡内集成电路工作的电源。

接触式 IC 卡与读写器交换数据的原理为，接触式 IC 卡通过其表面的金属电极触点将卡的集成电路与外部接口电路直接接触连接，通过串行方式与读写器交换数据（通信）。

2. 接触式 IC 卡的工作过程

（1）完成 IC 卡插入与退出的识别操作。IC 卡接口电路对 IC 卡插入与退出的识别，即卡的激活与释放，有着严格的时序要求。

（2）通过触点向卡提供稳定的电源。IC 卡接口电路在规定的电压范围内，向 IC 卡提供相应稳定的电流。

（3）通过触点向卡提供稳定的时钟。IC 卡接口电路向卡提供时钟信号，时钟信号的实际频率范围在复位应答期间，应在以下范围内：A 类卡，时钟频率应在 1 ~ 5 MHz；B 类卡，时钟频率应在 1 ~ 4 MHz。

3. IC 卡读写器

IC 卡读写器是 IC 卡与应用系统间的桥梁，在国际标准化组织中，称为接口设备。接口设备内的 CPU 通过一个接口电路与 IC 卡相连，并进行通信。IC 卡接口电路是 IC 卡读写器中至关重要的部分，根据实际应用系统的不同，可选择并行通信、半双工串行通信和 12C 通信等不同的 IC 卡读写芯片。

（二）选用接触式 IC 卡的注意事项

（1）IC 卡的使用环境温度低于 0 ℃时，不要选用 CPU 卡（其工作温度要求在 0 ℃以上），而应选用可以在 -20 ℃的低温下工作的记忆（Memory）卡。

（2）IC 卡读写器的使用寿命主要由两个因素决定：读写器本身器件的选择；卡座的使用寿命。

（3）IC 卡存在的问题和不足。接触式 IC 卡与卡机之间的磨损会缩短其使用寿命；接触不良会导致传输数据出错；大流量的场所由于插、拔卡易造成长时间等待。

（三）卡类识别技术读写设备

不同类型的卡对应不同的读写设备。目前，卡的读写设备的生产厂家和代理商很多，品牌也很多，用户主要关心的是这些设备的故障率、使用寿命、售后维修服务期限及供应商是否提供免费备机服务等。

接触式 IC 卡以 PVC 塑料为卡基，表面还可以印刷各种图案，甚至人像，卡的一方嵌有块状金属芯片，上有 8 个金属触点。卡的尺寸、触点的位置、用途及数据格式等均有相应的国际标准予以明确规定。

二、机器视觉识别技术

（一）机器视觉识别概述

在物联网的体系架构中，信息的采集主要靠传感器来实现，视觉传感器是其中最重要也是应用最广泛的一种。机器视觉主要用计算机来模拟人的视觉功能，从客观事物的图像中提取信息，进行处理并加以理解，最终用于实际检测、测量和控制。机器视觉技术最大的特点是速度快、信息量大、功能多。

美国制造工程师协会机器视觉分会和美国机器人工业协会自动化视觉分会关于机器视觉的定义是，"机器视觉是使用光学器件进行非接触感知，自动获取和解释一个真实场景的图像，以获取信息或控制机器或过程。"

机器视觉识别是用机器代替人眼来进行测量和判断，即通过机器视觉产品（即图像摄取装置，分 CMOS 和 CCD 两种）将被摄取目标转换成图像信号，传送给专用的图像处理系统，根据像素分布和亮度、颜色等信息，转变成数字信号。图像处理系统对这些信号进行各种运算来抽取目标的特征，自动识别限定的标志、字符、编码结构或可作为确切识断的基础呈现图像的其他特征，甚至根据判别的结果来控制现场的设备动作。

（二）机器视觉系统的结构分析

机器视觉检测系统用照相机将被检测目标的像素分布、亮度和颜色等信息转换成数字信号传送给视觉处理器，视觉处理器对这些信号进行各种运算来抽取目标的特征（如面积、数量、位置、长度等），再根据预设的允许度实现自动识别尺寸、角度、个数、合格 / 不合格、有 / 无等结果，然后根据识别结果控制机器人的各种动作。一个典型的机器视觉系统包括以下 5 部分。

（1）照明。这是影响机器视觉系统输入的重要因素，直接影响输入数据的质量和应用效果。由于没有通用的机器视觉照明设备，所以针对每个特定的应用实例，要选择相应的照明装置，以达到最佳效果。

（2）镜头。镜头选择应注意焦距、目标高度、影像高度、放大倍数、影像至目标的距离、中心点 / 节点、畸变等参数镜头。

（3）相机。按照不同标准相机可分为标准分辨率数字相机和模拟相机等。要根据不同的实际应用场合选择不同的相机和高分辨率相机：线扫描 CCD、面阵 CCD、单色相机、彩色相机。

（4）图像采集卡。它只是完整的机器视觉系统的一个部件，但是其扮演着一个非常重要的角色。图像采集卡直接决定了摄像头的接口：黑白、彩色、模拟、数字等。

（5）视觉处理器。视觉处理器集采集卡与处理器于一体。以往计算机速度较慢时，可采用视觉处理器加快视觉处理任务。现在由于采集卡可以快速传输图像到存储器，而且计算机速度也快多了，所以现在视觉处理器用得较少了。

（三）机器视觉识别技术的应用

随着微处理器、半导体技术的进步，以及劳动力成本上升和高质量产品的需求，国外机器视觉于 20 世纪 90 年代进入高速发展期，广泛运用于工业控制领域。

从应用层面看，机器视觉研究包括工件的自动检测与识别、产品质量的自动检测、食品的自动分类、智能车的自主导航与辅助驾驶、签名的自动验证、目标跟踪与制导、交通流的监测、关键地域的保安监视等。

三、生物特征识别技术

（一）生物特征识别技术特点及基本原理

生物识别技术是一项新型的加密技术，网络信息化时代的一大特征就是个人身份的数字化和隐性化，如何准确鉴定一个人的身份、保护信息安全是当今信息化时代必须解决的关键性社会问题。

生物特征识别技术主要是指通过人类的生物特征对其进行身份识别与认证的一种技术，生物特征包括生物的身体特征和行为特征，其中，身体特征包括指纹、静脉、视网膜、虹膜、人体气味、人脸，甚至血管、DNA、骨骼等；行为特征则包括签名、语音、行走步态等。目前已大规模使用的方式主要有指纹、虹膜、人脸、语音识别等。另外，耳、掌纹、手掌静脉、脑电波识别、唾液提取 DNA 等研究也有所突破。

1. 生物特征识别技术的特点

生物特征识别技术是一种十分方便与安全的识别技术，具有唯一性（与他人不同）、可以测量或可自动识别与验证性、遗传性或终身不变性等特点，是一种"只认人，不认物"的保安手段，非常方便和安全。

2. 生物特征识别技术的基本原理

生物特征识别技术的核心在于如何获取生物特征，并将之转换为数字信息，存储于计算机中，再利用可靠的匹配算法来完成识别与验证个人身份的过程。

完成整个生物特征识别技术，首先要对生物特征进行取样，样品可以是指纹、面相、语音等；其次要经过特征提取系统，提取出唯一的生物特征，并转化为特征代码；最后将特征代码存入数据库，形成识别数据库。当人们通过生物特征识别系统进行身份认证时，识别系统将获取被认证人的特征，然后通过一种特征匹配算法，将被认证人的特征与数据库中的特征代码进行比对，从而决定接受还是拒绝该人。

（二）生物特征条件及生物特征识别技术发展趋势

1. 身份鉴别的生物特征条件

身份鉴别可利用的生物特征必须满足以下条件。

（1）普遍性，即必须每个人都具备这种特征。

（2）唯一性，即任何两个人的特征是不一样的。

（3）可测量性，即特征可测量。

（4）稳定性，即特征在一段时间内不改变。

当然在应用过程中还要考虑其他的实际因素，如识别精度、识别速度、对人体无伤害、被识别者的接受性等。

2. 生物特征识别技术发展趋势

常见的生物特征识别技术，分别具有各自的优势和劣势，在实际的应用中，需要根据具体的环境和性能要求，选择不同的识别技术。随着技术的进步和成本的不断降低，生物识别技术得到深化与普及，其应用越来越多样化。在生物识别技术市场上，从具体产品的结构来看，指纹识别技术产品占据生物识别技术门类的主导地位。从市场应用的角度，对于指纹、虹膜、人脸、声音等几种生物特征识别技术，它们的目标市场基本重合，因此存在相互竞争的关系，市场占有率处于波动之中。政府对采用生物识别产品的热情引发了对该技术的巨大需求，各种密码替代技术正在被越来越多的个人用户和组织机构接受，投资生物识别技术行业的热潮正在不断加强。未来生物特征识别技术的发展趋势大致可分为三个方向：多模态、非接触式和网络化。

（1）多模态生物特征识别技术，指综合利用来自同一生物特征的多种识别技术，或者来自不同生物特征的多种识别技术，对个人身份进行判断的生物特征识别技术。采用多模态生物特征融合技术可以获得比单一生物特征识别系统更好的识别性能和可靠性，并增加伪造人体生物特征的难度与复杂性，提高系统的安全性。多模态生物特征识别技术克服了单项生物特征识别技术很难全部满足普遍性、唯一性、稳定性和不可复制性的要求，有效地解决了系统的整体实用性问题。

（2）非接触式生物特征识别系统，指在使用过程中，用户不需要与系统进行直接接触，就可以完成人体生物特征的采集、分析与判断。为用户带来更好的用户体验和卫生保证，提高生物特征识别技术的用户接受度。

（3）网络化。生物特征识别技术的终极发展目标就是人们不必携带任何辅助的身份标识物品和知识，仅仅利用个人的生物特征就可以实现物理访问控制与逻辑访问控制。例如，用生物特征取代密码，可以在云端完成更加安全的身份认证，并进行邮箱登录、个人信息管理、金融交易。随着互联网和云计算技术的迅猛发展，生物认证云将是生物特征识别技术下一步的发展方向。

第四节　物联网传感器技术

一、物联网传感器技术概述

按照信息论的凸性定理，传感器的功能与品质决定了传感系统获取自然信息的信息量和信息质量，是高品质传感技术系统构造的第一个关键点。信息处理包括信号的预处理、后置处理、特征提取与选择等。识别的主要任务是对经过处理的信息进行辨识与分类。它利用被识别（或诊断）对象与特征信息间的关联关系模型对输入的特征信息集进行辨识、比较、分类和判断。因此，传感器技术是遵循信息论和系统论的。它包含了众多的高新技术，被众多的产业广泛采用。它也是现代科学技术发展的基础条件，受到了人们很高的重视。

传感器是一种检测装置，能感受到被测量的信息，并能将感受到的信息，按一定规律变换成电信号或其他所需形式的信息输出，以满足信息的传输、处理、存储、显示、记录和控制等要求。

国际电工委员会定义为：传感器是测量系统中的一种前置部件，它将输入变量转换成可供测量的信号。

国家标准定义为：传感器为能感受规定的被测量并按照一定规律转换成可用输出信号的器件或装置，通常由敏感元件和转换元件组成。这一定义所表述的传感器的主要内涵如下。

（1）从传感器的输入端来看，一个指定的传感器只能感受规定的被测量，即传感器对规定的物理量具有最大的灵敏度和最好的选择性。例如，温度传感器只能用于测温，而不希望它同时还受其他物理量的影响。

（2）从传感器的输出端来看，传感器的输出信号为"可用信号"，这里所谓的"可用信号"是指便于处理、传输的信号，最常见的是电信号、光信号。可以预测，未来的"可用信号"或许是更先进、更实用的其他信号形式。

（3）从输入与输出的关系来看，它们之间的关系具有"一定规律"，即传感器的输入与输出不仅是相关的，而且可以用确定的数学模型来描述，也就是具有确定规律的静态特性和动态特性。

传感器由敏感元件（感知元件）和转换器两部分组成，有的半导体敏感元件可以直接输出电信号，本身就构成传感器。敏感元器件品种繁多，就其感知外界信息的原理来讲可分为物理类（基于力、热、光、电、磁和声等物理效应）、化学类（基于化学反应的原理）、生物类（基于酶、抗体和激素等分子识别功能）。

（一）传感器的组成要素

通常，传感器由敏感元件和转换元件组成。但是由于传感器输出信号一般都很微弱，需要有信号调节与转换电路将其放大或变换为容易传输、处理、记录和显示的形式。随着半导体器件与集成技术在传感器中的应用，传感器的信号调节与转换可以安装在传感器的壳体里或与敏感元件一起集成在同一芯片上。因此，传感器一般由敏感元件、转换元件、转换电路组成。

（1）敏感元件。直接感受被测量，并输出与被测量成确定关系的某一物理量的元件。

（2）转换元件。敏感元件的输出就是它的输入，把输入转换成电路参量。

（3）转换电路。上述电路参数接入转换电路，便可转换成电量输出。

有些传感器（如热电偶）只有敏感元件，感受被测量时直接输出电动势。有些传感器由敏感元件和转换元件组成，无须基本转换电路，如压电式加速度传感器。还有些传感器由敏感元件和基本转换电路组成，如电容式位移传感器。有些传感器，转换元件不止一个，要经过若干次转换才能输出电量。大多数传感器是开环系统，但也有个别的是带反馈的闭环系统。

（二）传感器的主要分类

由于被测参量种类繁多，其工作原理和使用条件又各不相同，因此传感器的种类和规格十分繁杂，分类方法也很多。现将常采用的分类方法进行归纳。

根据传感器工作原理的不同，可分为物理传感器和化学传感器。物理传感器应用的是物理效应，诸如压电效应、磁致伸缩现象、离化、极化、热电、光电、磁电等效应。被测信号量的微小变化都将转换成电信号。化学传感器包括那些以化学吸附、电化学反应等现象为因果关系的传感器，被测信号量的微小变化也将转换成电信号。

有些传感器既不能划分到物理类，也不能划分为化学类。大多数传感器是以物理原理为基础运作的。化学传感器技术问题较多，如可靠性问题、规模生产的可能性、价格问题等，解决了这类难题，化学传感器的应用将会有巨大增长。

微电子技术、通信技术以及无线通信等技术的发展，使得传感器的体积越来越小，并在微小体积的芯片内集成了信息采集、数据处理以及无线通信等许多功能。

常见的传感器包括温度传感器、压力传感器、湿度传感器、光传感器、霍尔（磁性）传感器等。

（1）温度传感器。常见的温度传感器包括热敏电阻传感器、半导体温度传感器以及温差电偶传感器。①热敏电阻传感器主要利用的是各种材料电阻率的温度敏感性，根据材料的不同，热敏电阻可以用于设备的过热保护以及温控报警等。②半导体温度传感器利用半导体器件的温度敏感性来测量温度，具有成本低廉、线性度好等优点。③温差电偶传感器则是利用温差电现象，把被测端的温度转化为电压和电流的变化；由不同金属材料构成的温差电偶，能够在比较大的范围内测量温度，如 -200 ～ 2 000 ℃。

（2）压力传感器。常见的压力传感器在受到外部压力时会产生一定的内部结构的变形或位移，进而转化为电特性的改变，产生相应的电信号。

（3）湿度传感器。主要包括电阻式和电容式两个类别：①电阻式湿度传感器也称为湿敏电阻，利用氯化锂、碳、陶瓷等材料的电阻率的湿度敏感性来探测湿度；②电容式湿度传感器也称为湿敏电容，利用材料的介电系数的湿度敏感性来探测湿度。

（4）光传感器。光传感器可以分为光敏电阻及光电传感器两个大类：①光敏电阻主要利用各种材料的电阻率的光敏感性来进行光探测。②光电传感器主要包括光敏二极管和光敏晶体管，这两种器件利用的都是半导体器件对光照的敏感性。光敏二极管的反向饱和电流在光照的作用下会显著变大，而光敏晶体管在光照时其集电极、发射极导通，类似于受光照控制的开关。此外，为方便使用，市场上出现了把光敏二极管和光敏晶体管与后续信号处理电路制作成一个芯片的集成光传感器。光传感器的不同种类可以覆盖可见光、红外线（热辐射）以及紫外线等波长范围的传感应用。

（5）霍尔（磁性）传感器。霍尔传感器是利用霍尔效应制成的一种磁性传感器。霍尔效应是指把一个金属或者半导体材料薄片置于磁场中，当有电流流过时，由于形成电流的电子在磁场中运动而受到磁场的作用力，会使得材料中产生与电流方向垂直的电压差。可以通过测量霍尔传感器所产生的电压的大小来计算磁场的强度。霍尔传感器结合不同的结构，能够间接测量电流、振动、位移、速度、加速度、转速等，具有广泛的应用价值。

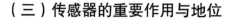

（三）传感器的重要作用与地位

人类社会已进入信息时代，人们的社会活动主要依靠对信息资源的开发、获取、传输和处理。传感器处于研究对象与测试系统的接口位置，即检测与控制系统之首。因此，传感器成为感知、获取与检测信息的窗口，一切科学研究与自动化生产过程要获取的信息，都要通过传感器获取并通过它转换为容易传输与处理的电信号。

在科学研究中，传感器具有突出的作用。许多科学研究的障碍就在于对象信息的获取存在困难，而一些新机理、高灵敏度传感器的出现，往往会导致该领域内技术的突破。例如，需要进行超高温、超低温、超高压、超高真空、超强磁场等的研究，在这些研究中人类的感觉器官根本无法直接获取信息，没有相适应的传感器就不可能实现信息的采集。

在现代工业生产，尤其是自动生产中，传感器同样具有突出的地位。现在各种传感器可以用于监视和控制生产过程中的各个参数，使设备工作在最佳状态，并使产品达到最好的质量，因此没有传感器现代化生产也就失去了基础。

在物联网中，传感器是整个物联网中需求量最大和最为基础的环节之一。物联网的概念传到我国以后，我国提出了"感知中国"的发展目标，在物联网中人们为了感知外界环境，必须借助传感器。传感器是物联网的基础，可以从外界获取信息，使物联网从早期的单纯应用于射频识别领域，发展到现在的应用于整个 IT 领域。物联网通过运用各类传感器，可以帮助不同地区、不同行业的人们获取信息，帮助人们应对日益严重的气候变化，提供领先的低碳解决方案，用绿色环保的方式创造最佳的社会、经济效益，维护人类的生存环境和发展。

传感器技术所涉及的知识非常广泛，渗透到各个学科领域。但是它们的共性是利用物理定律和物质的物理、化学与生物特性，将非电量转换成电量。

二、物联网感知

物联网感知新技术、新工艺、新材料以及探索新理论达到高质量的转换，是总的发展途径。当前，传感器技术的发展趋势，一是开展基础研究，强调系统性和协调性，突出创新；二是实现传感器的集成化与智能化。

（1）强调传感技术系统的系统性和传感器、处理与识别的协调发展，突破传感器同信息处理、识别技术与系统的研究、开发、生产、应用和改进分离的体制，按照信息论与系统论，应用工程的方法，与计算机技术和通信技术协同发展。

（2）利用新的理论、新的效应研究开发工程和科技发展有迫切需求的多种新型传感器和传感技术系统。

（3）侧重传感器与传感技术硬件系统与元器件的微小型化。利用集成电路微小型化的经验，从传感技术硬件系统的微小型化中提高其可靠性、质量、处理速度和生产率，降低成本，节约资源与能源，减少对环境的污染。在微小型化中，得到世界各国关注的是纳米技术。

（4）集成化。进行硬件与软件两方面的集成，其包括传感器阵列和多功能、多传感参数的复合传感器（如汽车用的油量、酒精检测和发动机工作性能的复合传感器）的集成；传感系统硬件的集成（如信息处理与传感器的集成）；传感器—处理单元—识别单元的集成等；硬件与软件的集成；数据集成与融合等。

（5）研究与开发特殊环境（指高温、高压、水下、腐蚀和辐射等）下的传感器与传感技术系统。

（6）对一般工业用途、农业和服务业用的量大面广的传感技术系统，侧重解决提高可靠性、可利用性和大幅度降低成本的问题，以适应工农业与服务业的发展，保证这种低技术产品的市场竞争力和市场份额。

（7）彻底改变重研究开发、轻应用与改进的局面，实行需求驱动的全过程、全寿命研究开发、生产、使用和改进的系统工程。

（8）智能化。侧重传感信号的处理和识别技术、方法和装置同自校准、自诊断、自学习、自决策、自适应和自组织等人工智能技术结合，发展支持智能制造、智能机器和智能制造系统发展的智能传感技术系统。

传感器的静态特性是指对静态的输入信号，传感器的输出量与输入量之间所具有相互关系。因为这时输入量和输出量都和时间无关，所以它们之间的关系，即传感器的静态特性可用一个不含时间变量的代数方程，或以输入量做横坐标，把与其对应的输出量做纵坐标而画出的特性曲线来描述。表征传感器静态特性的主要参数有线性度、灵敏度、迟滞、重复性。

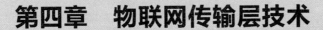

第四章　物联网传输层技术

物联网是在计算机互联网的基础上，利用射频识别、无线数据通信、计算机等技术，构造一个覆盖世界上万事万物的实物互联网。从物联网体系架构的角度的传输层更是核心技术。本章从物联网汇聚网技术、物联网网络接入技术和物联网承载网技术三个维度对物联网传输层技术进行详细论述。

第一节　物联网汇聚网技术

一、传输层概述

物联网传输层位于感知层和应用层之间，传输层所要完成的功能是将感知层收集感知的数据信息传输给应用层，使得应用层可以方便地对信息进行分析管理，从而控制整个系统。目前，物联网传输层都是基于现有的通信网和互联网建立的，主要实现感知层数据和控制信息的双向传递、路由和控制。

物联网传输层可分为汇聚网、接入网和承载网三部分。

汇聚网主要采用短距离通信技术如 ZigBee、蓝牙和 UWB 等，实现小范围感知数据的汇聚。接入网主要采用 6LoWPAN、M2M 及全 IP 融合架构实现感知数据从汇聚网到承载网的接入。承载网主要是指各种核心承载网络，如 GSM、GPRS、WiMax、3G/4G、WLAN 等。

本章按照汇聚网—接入网—承载网路线展开阐述物联网传输层技术，介绍汇聚网中典型短距离通信技术：ZigBee、蓝牙。

（一）ZigBee 无线技术

物联网中，布置了大量的节点，这些节点不仅数目众多而且分布广泛，有很多处于室外的采集节点无法连接到电网，所以在进行无线传输的时候，要考虑到带宽、传输距离以及功耗等因素。

在物联网技术出现之初，已有的无线协议很难满足低功耗、低花费、高容错性的要求。此时 ZigBee 技术的产生为其带来了福音。

ZigBee 无线技术是一种全球领先的低成本、低速率、小范围无线网络标准。ZigBee 联盟是一个基于全球开放标准的研究可靠、高效、无线网络管理和控制产品的联合组织。ZigBee 联盟及 IEEE 802.15.4 WPAN 工作组是 ZigBee 和基于 IEEE 802.15.4 的无线网络应用标准的官方来源。

ZigBee 拥有 250 Kbit/s 的带宽，传输距离可达 1 km 以上。并且功耗更小，采用普通 AA 电池就能够支持设备在高达数年的时间内连续工作。近十年来，ZigBee 无线技术应用于无线传感器网络中，非常好地完成了传输任务，同样也可以应用在物联网的无线传输中。

1. ZigBee 无线技术含义

ZigBee 是规定了一系列短距离无线网络的数据传输速率通信协议的标准，主要用于近距离无线连接。基于这一标准的设备工作在 868 MHz、915 MHz、2.4 GHz 频带上。最大数据传输率为 250 Kbit/s。ZigBee 具有低功耗、低速率、低时延等特性。在很多 ZigBee 应用中，无线设备的活动时间有限，大多数时间均工作在省电模式（睡眠模式）下。因此，ZigBee 设备可以在不更换电池的情况下连续工作几年。

2. ZigBee 无线技术的产生背景

2000 年 12 月，美国电气及电子工程师协会成立 IEEE 802.15.4 工作组，致力于开发一种可应用在固定、便携或移动设备上的，低成本、低功耗和低速率的无线连接技术。

2001 年 8 月，美国霍尼韦尔（Honeywell）等公司发起成立了 ZigBee 联盟，他们提出的 ZigBee 规范被确认为 IEEE 802.15.4 标准。

2002 年，ZigBee 联盟成立。2003 年，该标准通过。2004 年，ZigBee VI.0 诞生，它是 ZigBee 的第一个规范，2006 年，推出 ZigBee 2006，完善了 2004 年版本。2007 年底，ZigBee PRO 推出。

ZigBee 的底层技术基于 IEEE 802.15.4 物理层和 MAC 层直接引用了 IEEE 802.15.4。

3. ZigBee 联盟

ZigBee 联盟是一个高速成长的非营利业界组织，成员包括国际著名半导体生产商、技术提供者、技术集成商以及最终使用者。该联盟制定了基于 IEEE 802.15.4，具有高可靠、高性价比、低功耗的网络应用规格。ZigBee 标准由 ZigBee 联盟制定。ZigBee 联盟有几百个成员公司。

　　ZigBee 联盟的主要目标是以通过加入无线网络功能，为消费者提供更富有弹性、更容易使用的电子产品。ZigBee 技术能融入各类电子产品，应用范围横跨民用、商用、公共事业以及工业等市场。使得联盟会员可以利用 ZigBee 这个标准化无线网络平台，设计出简单、可靠、便宜又节省电力的各种产品来。

　　ZigBee 联盟关注的焦点：制定网络、安全和应用软件层；提供不同产品的协调性及互通性测试规格；在世界各地推广 ZigBee 品牌并争取市场的关注；管理技术的发展。

　　ZigBee 联盟对 ZigBee 标准的制定：IEEE 802.15.4 的物理层、MAC 层及数据链路层，标准已在 2003 年 5 月发布。ZigBee 网络层、加密层及应用描述层的制定也取得了较大的进展。ZigBee VI.0 版本已经发布。其他应用领域及其相关的设备描述也会陆续发布。由于 ZigBee 不仅只是 IEEE 802.15.4 的代名词，而且美国电气及电子工程师协会仅处理低级 MAC 层和物理层协议，因此 ZigBee 联盟对其网络层协议和 API 进行了标准化。完全协议用于一次可直接连接到一个设备的基本节点的 4 KB 或者作为集成器（Hub）或路由器的协调器的 32 KB。每个协调器可连接多达 255 个节点，而几个协调器则可形成一个网络，对路由传输的数目则没有限制。ZigBee 联盟还开发了安全层，以保证这种便携设备不会意外泄露其标识，而且这种利用网络的远距离传输不会被其他节点获得。

4. ZigBee 无线技术性能分析

　　（1）低功耗：由于 ZigBee 传输速率低，通信距离近，发射功率仅为 1 MW；而且在不工作的时候，启用休眠模式，此时能耗可能只有正常工作状态下的千分之一，显然 ZigBee 设备非常省电。

　　（2）低成本：因为 ZigBee 协议简单，所以对控制要求不高。

　　（3）低速率：ZigBee 以 20 ~ 250 Kbit/s 的较低速率工作，在 2.4 GHz、915 MHz、868 MHz 的工作频率下，分别提供 250 Kbit/s、40 Kbit/s 和 20 Kbit/s 的原始数据吞吐率。

　　（4）近距离：传输范围一般介于 10 ~ 100 m，在增加射频发射功率后，也可增加到 1 ~ 3 km。这指的是相邻节点间的距离。如果通过路由和节点间通信的接力，传输距离将可以更远。

　　（5）短时延：ZigBee 的响应速度较快，一般从睡眠转入工作状态只需 15 ms，节点连接进入网络只需 30 ms，进一步节省了电能。相比较，蓝牙需要 3 ~ 10s，Wi-Fi 需要 3 s。

（6）大规模的组网能力：ZigBee 可采用星形、树状和网状网络结构，由一个主节点管理若干子节点，最多一个主节点可管理 254 个子节点；同时主节点还可由上一层网络节点管理，最多可组成 65 000 个节点的大网。

（7）高可靠性：ZigBee 具有很高的可靠性，包括 MAC 应用层（APS 部分）的应答重传功能，MAC 层的 CSMA 机制使节点发送前先监听信道，可以起到避开干扰的作用。当 ZigBee 网络受到外界干扰，无法正常工作时，整个网络可以动态地切换到另一个工作信道上。

5. ZigBee 无线技术与蓝牙、IEEE 802.lib 的区别

IEEE 802.lib 是一种家庭标准，把 IEEE 802.lib 拿来进行比较是因为它的工作频率是 2.4 GHz，和蓝牙、ZigBee 相同，IEEE 802.lib 数据传输速率很高并且给一种无线网络连接提供了一种典型应用。典型的 IEEE 802.lib 的室内范围是 30 ~ 100 m。蓝牙是一种较低数据传输速率（低于 3 Mbit/s）的标准，室内范围是 2 ~ 10 m，蓝牙的一种广泛应用是无线蓝牙耳机。ZigBee 有最低的数据传输速率并且拥有最长的电池使用寿命。

ZigBee 技术的低传输速率特性意味着它不适合无线网络连接或者需要 CD 音质保证的场合。然而，如果网络中仅需要进行一些简单命令或者其他信息的收发工作，如无线传感器传输温度、湿度等，ZigBee 具有蓝牙和 IEEE 802.lib 无法相比的优势，前者具有成本低、功耗低并且易于传输的优点。

（二）ZigBee 无线技术网络拓扑结构

ZigBee 无线技术传输网络设备按照其功能的不同可以分为两类：全功能设备（Full Function Device，FFD）和精简功能设备（Reduced Function Device，RFD）。全功能设备可以实现全部 IEEE 802.15.4 协议功能，一般在网络结构中拥有网络控制和管理的功能。精简功能设备仅能实现部分 IEEE 802.15.4 协议功能，可以用于实现简单的控制功能，传输的数据量较少，对传输资源和通信资源占用不多，在网络结构中一般作为通信终端。

IEEE 802.15.4 协议中规定的 PAN 协调器、协调器、一般设备在 ZigBee 网络中被称为 ZigBee 网络协调器、路由器和终端设备。ZigBee 网络协调器主要功能是建立网络，并对网络进行相关配置；路由器的主要功能是寻找、建立和修复网络报文的路由信息，并转发网络报文；终端设备的功能相对简单，它可以加入、退出网络，可以发送、接收网络报文；终端设备不能转发报文。

ZigBee 网络有三种不同的拓扑结构，分别为星形网络拓扑结构、树状网络拓扑结构和网状网络拓扑结构。

1. 星形网络拓扑结构

星形拓扑结构中，ZigBee 网络协调器作为中心节点，终端设备和路由器都可以直接与协调器相连，协调器属于全功能设备。

星形拓扑结构的网络是一种发散式网络，这种网络属于集中控制型网络，整个网络由中心节点执行集中式通行控制管理，终端设备之间要进行通信都要先将数据发送到网络协调器，再由网络协调器将数据送到目的节点。这种结构中，路由器不具有路由功能。星形网络适合小范围的室内应用，如家庭自动化、个人计算机外设以及个人健康护理等。

星形结构的网络优点：构造简单；易于管理；网络成本低。

星形结构的网络缺点：中心节点负担过重；节点之间灵活性差；网络过于简单，覆盖范围有限，只能适用于小型网络。

2. 树状网络拓扑结构

树状网络拓扑是由 ZigBee 网络协调器、若干个路由器及终端设备组成的。整个网络是以 ZigBee 网络协调器为根组成的一个树状网络，树状网络中的协调器的功能不再是转发数据，而是进行网络的控制和管理功能，还可以完成节点注册。网络末端的"叶"节点为终端设备。一般而言，协调器是全功能设备，终端设备是精简功能设备。树状网络的组网过程同星形网络一样，创建网络也需要 ZigBee 网络协调器完成。如果网络中不存在其他协调器，则

（1）全功能设备作为 ZigBee 网络协调器选择网络标识符。

（2）ZigBee 网络协调器向邻近的设备发送信标，接受其他设备的连接，形成树的第一级，此时 ZigBee 网络协调器与这些设备之间形成父子关系。

（3）被协调器连接的路由器所连接的目的协调器为它分配一个地址块，路由器根据接收到的协调器信标信息，配置自己的信标并发送到网络中，允许其他设备与自己建立连接，成为其子设备。

如果网络中存在其他协调器，ZigBee 全功能设备以路由器的身份与网络连接，进行上述第（3）步的过程。终端设备与网络连接时，则 ZigBee 网络协调器分配给它一个唯一的 16 位网络地址；路由器在转发消息时需要计算与目标设备的关系，并根据此来决定向自己的父节点转发还是子节点转发。

树状拓扑支持"多跳"信息服务网络，可以实现网络范围扩展。树状拓扑利用路由器对星形网络进行了扩充，保持了星形拓扑的简单性。然而，树状结构路径往往不是最优的，不能很好地适应外部的动态环境。由于信息源与目的之间只有一条通信链路，任何一个节点发生故障或者中断时，将使部

分节点脱离网络。一般来说 ZigBee 是一种高可靠的无线数据传输网络，类似于 CDMA 和 GSM 网络。ZigBee 数据传输模块类似于移动网络基站，通信距离从标准的 75 m 到几百米、几千米，并且支持扩展。

树状网络的优点：由于树状网络是对星形网络的扩充，所以其成本也较低，所需资源较少；网络结构简单；网络覆盖范围较大。

树状网络的缺点是网络稳定性较差，如果其中某节点断开，则会导致与其相关联的节点脱离网络，所以这种结构的网络不适合动态变化的环境。

3. 网状网络拓扑结构

网状网络是 ZigBee 网络中最复杂的结构。在网状网络中，只要两个全功能设备位于彼此的无线通信范围内，它们都可以直接进行通信。也就是说，网络中的路由器可以和通信范围里的所有节点进行通信。在这种特殊的网络结构中，可以进行路由的自动建立和维护。每个全功能设备都可以完成对网络报文的路由和转发。

网状网络采用"多跳"式路由通信。网络中各节点的地位是平等的，没有父子节点之分。对于没有直接相连的节点可以通过"多跳"转发的方式进行通信，适合距离较远比较分散的结构。

网状网络的优点如下：

（1）网络灵活性很强。节点可以通过多条路径传输数据。网络还具备自组织、自愈功能。

（2）网络的可靠性高。如果网络中出现节点失效，与其相关联的节点可以通过寻找其他路径与目的节点进行通信，不会影响网络的正常运行。

（3）覆盖面积大。

网状网络的缺点如下：

（1）网络结构复杂。

（2）对节点存储能力和数据处理能力要求较高；由于网络需要进行灵活的路由选择，节点的数据处理能力和存储能力显然要求比前两种网络要更高。

一般来讲，由于和星形网络、树状网络相比，网状网络更加复杂，所以在组建网络拓扑结构时，常常采用星形网络和树状网络。

（三）ZigBee 无线技术的协议架构

ZigBee 协议栈架构是建立在 IEEE 802.15.4 标准基础上的。由于 ZigBee 技术是 ZigBee 联盟在 IEEE 802.15.4 定义的物理（PHY）层和 MAC 层基础之上制定的一种低速无线个域网（LR-WPAN）技术规范，所以 ZigBee 的协议找的物理层和 MAC 层是按照 IEEE 802.15.4 标准规定来工作的。ZigBee 联盟在其基础上定义了 ZigBee 协议的网络层、应用层和安全服务规范。

其中物理层主要完成无线收发器的启动和关闭，检测信道能量和数据传输链路质量，选择信道，空闲信道评估（CCA），以及发送和接收数据包等；MAC 层的功能包括信标管理、信道接入、时隙管理、发送与接收帧结构数据、提供合适的安全机制等；网络安全层主要用于 ZigBee 网络的组网连接、数据管理和网络安全等；应用层主要为 ZigBee 技术的实际应用提供一些应用框架模型。

ZigBee 协议栈中，每层都为其上一层提供两种服务：数据传输服务和其他服务。其中数据传输服务由数据实体提供，其他服务由管理实体提供。

服务原语交换原理。服务原语是一个抽象的概念，要实现特定服务需要由它来指定需要传递的信息。服务原语与具体的服务实现无关。服务原语有请求（Request）、指示（Indication）、响应、证实四种。

（1）请求原语。请求原语由网络服务请求方用户发送到它的服务提供层，请求启动一项服务。

（2）指示原语。指示原语由网络用户的服务提供层发送到对应服务响应方用户的相应层，用于同远端服务请求逻辑相关。当信号能量低于该门限值时就认为信道空闲。

（3）通过信道中传输的无线信号的特征来判断信道是否空闲，考察的信号特征包含扩频信号特征和载波频率。

（4）第三种判断方法是前两种方法的综合，即同时检测信号强度和信号特征，进行判断。

1. 物理层主要功能

（1）完成无线发射机的激活和开启。

（2）对当前信道进行能量检测。

（3）接收分组的链路质量指示。

（4）基于 CSMA-CA 的空闲信道评估。

（5）选择信道频率。

（6）传输和接收数据。

2. 2.4 GHz 频段的物理层技术

由于我国应用的是 2.4 GHz 频段，这里我们简要介绍 2.4 GHz 频段的物理层技术。2.4 GHz 频段主要采用了十六进制准正交调制技术（0-QPSK 调制）。

PPDU 发送的信息进行二进制转换，再把二进制数据进行比特 - 符号映射，每字节按低 4 位和高 4 位分别映射成一个符号数据，先映射低 4 位，再映射高 4 位。再将输出符号进行符号 - 序列映射，即将每个符号被映射成一个 32 位伪随机码片序列（共有 16 个不同的 32 位码片伪随机序列）。在每个符号周期内，4 个信号位映射为一个 32 位的传输的准正交伪随机码片序列，所有符号的伪随机序列级联后得到的码片再用 O-QPSK 调制到载波上。

2.4GHz 频段调制方式采用的是半正弦脉冲波形的 O-QPSK 调制，将奇位数的码片调制到正交载波 Q 上，偶位数的码片调制到同相载波 I 上。

（四）MAC 层概述

在 ZigBee 协议栈体系结构中，MAC 层位于物理层和网络层之间，也是按照 IEEE 802.15.4 规范的定义设计的，包括 MAC 层管理实体（MLME）和 MAC 层公共部分子层（MCPS），它们向网络层提供相应服务。

1. MAC 层参考模型架构

MAC 层参考模型包括 MAC 层公共部分子层和 MAC 层管理实体（MAC Layer Management Entity，MLME）。

MAC 层公共部分子层服务访问点（MCPS-SAP）的主要功能是接收网络层传输来的数据，并在对等实体之间进行数据传输。MAC 层管理实体主要负责 MAC 层的管理工作，并且维护该层管理对象数据库（PAN Information Base，PIB）。物理层管理实体服务接入点（PLME-SAP）主要负责接收来自物理层的管理信息，物理层数据服务接入点（PD-SAP）负责接收来自物理层的数据信息。

2. MAC 帧基本类型

IEEE 802.15.4 网络共定义了四种 MAC 帧结构：信标帧（Beacon Frame）、数据帧（Data Frame）、确认帧（Acknowledge Frame）、MAC 命令帧（MAC Command Frame）。

其中，信标帧用于协调者发送信标，信标是网内设备用于始终同步的信息；数据帧用于传输数据；确认帧用于确定接收者是否成功接收到数据；命令帧用于传输命令信息。

3. MAC 层帧组成部分

MAC 层作为物理层载荷传输给其他设备，由三个部分组成：MAC 帧头（MHR）、MAC 载荷（MSDU）和 MAC 帧尾（MFR）。MAC 帧头包括地址和安全信息。MAC 载荷长度可变，长度可以为 0，包含来自网络层的数据和命令信息。MAC 帧尾包括一个 16 位的帧校验序列（FCS）。

（1）帧控制，占 2 字节（16 位），共分 9 个子域。

（2）帧序号，MAC 层为帧指定的唯一序列标识码，仅当确认帧的序列号与上一次数据传输帧的序列号一致时，才能判断数据业务成功。

（3）目的 / 源 PAN 标识码，占 16 位，分别指定了帧接收设备和帧发送设备的唯一的 PAN 标识符，如果目的 PAN 标识符域的值为 OxFFFF，则代表广播 PAN 标识符，是所有当前侦听信道的设备的有效标识符。

（4）目的 / 源地址，占 16 位或者 64 位，具体值由帧控制域中的目的 / 源地址模式子域值所决定。目的地址和源地址分别指定了帧接收设备和发送设备的地址，如果目的地址的值为 OxFFFF，表示广播短地址，它是所有当前侦听信道设备的有效短地址。

（5）帧有效载荷，长度可变，它根据帧类型的不同而不同。

（6）FCS 字段，对 MAC 帧头和有效载荷计算得到的 16 位的 ITU-TCRC。

4. MAC 层功能概述

根据 IEEE 802.15.4 标准的规定，MAC 层主要功能如下。

（1）协调器可以产生网络信标。

（2）与网络信标保持同步。

（3）完成个域网的关联和解关联。

（4）保证网络中设备的安全性。

（5）对信道接入采用 CSMA-CA。

（6）处理和维护保证时隙（GTS）机制。

（7）能够在两个对等的 MAC 实体之间提供一个可靠通信链路。

二、网络层概述

在 ZigBee 协议架构中，网络层（NWK 层）位于 MAC 层和应用层之间，提供两种服务：数据服务和管理服务。网络层数据实体（NLDE）负责数据传输，NLDE 通过网络层数据服务实体服务接入点（NLDE-SAP）为应用层提供数据服务数据。管理实体（NLME）负责网络管理，通过网络层管理实体服务接入点（NLME-SAP）为应用层提供管理服务并维护网络层信息库（NIB）。

（一）网络层参考模型架构

网络层参考模型包括网络层数据实体和网络层管理实体。在同一网络中的两个或多个设备之间，通过网络层数据实体提供的数据服务传输应用协议的数据单元（APDU），NLDE 可以提供以下两种服务：

（1）给应用支持子层 PDU 添加适当的协议头，形成网络协议数据单元（NPDU）。

（2）根据拓扑路由，把网络协议数据单元发送到目的地址设备或通信链路的下一跳。

（二）网络层帧基本结构

普通网络层帧结构，网络层的帧结构也分为两部分：帧头和负载。帧头是表征网络层特性的部分，负载是来自应用层的数据单元，所包含的信息因帧类型不同而不同，长度可变。

（1）帧控制。帧头的第一部分是帧控制，帧控制决定了该帧是数据帧还是命令帧。帧控制共有 2 字节，16 位，分为帧类型、协议版本、发现路由、多播标志、安全、源路由、目的 IEEE 地址、源 IEEE 地址子项目。①帧类型：2 位。"00"表示数据帧，"01"表示命令帧，其他取值预留。②协议版本：4 位。表示当前设备使用的 ZigBee 网络层协议版本号。③发现路由：2 位。用于控制路由发送帧时的路由发现操作。④安全：1 位。当值为 1，该帧执行网络层安全操作；如果值为 0，该帧在其他层执行安全操作或完全不使用安全操作。

发现路由编码："00"表示禁止路由、"01"表示使能发现路由、"10"表示强制发现路由、"11"表示预留。

（2）目的地址，占 2 字节，内容为目的设备的 16 位网络地址或者广播地址（OxFFFF）。

（3）源地址，占 2 字节，内容为源设备的 16 位网络地址。

（4）半径，占 1 字节，指定该帧的传输范围。如果是接收数据，接收设备应该把该字段的值减 1。

（5）序号，占 1 字节。如果设备是传输设备，每传输一个新的帧，该帧就把序号的值加 1，源地址字段和序列号字段的一对值可以唯一确定一帧数据。

帧头中的字段按固定的顺序排列，但不是每一个网络层的帧都包含完整的地址和序号信息字段。

（三）网络层基本功能

（1）对新设备进行配置。例如，一个新设备可以配制成 ZigBee 网络协调器，也可以被配制成一个终端加入一个已经存在的网络。

（2）开发一个新网络。

（3）加入或者退出网络。

（4）网络层安全。

（5）帧到目的地的路由选择（只有 ZigBee 协调器和路由器具有这项功能）。

（6）发现和保持设备间的路由信息。

（7）发现下一跳邻居节点，不用中继，设备可以直接到达的节点。

（8）存储相关下一跳邻居节点信息。

（9）为入网的设备分配地址（只有 ZigBee 协调器和路由器具有这项功能）。

三、应用层概述

应用层位于 ZigBee 协议栈最顶层，包括 ZigBee 设备对象（ZigBee Device Object，ZDO），应用支持子层和制造商定义的应用对象。ZigBee 设备对象负责设定设备在网络中是网络协调器还是终端设备、发现新接入网络的设备并决定设备所能提供的应用服务、初始化并响应绑定请求和在网络设备之间建立安全关系。APS 维护绑定表并在绑定设备之间传递信息。

（一）应用层参考模型分析

应用层参考模型，APS 提供网络层和应用层之间的接口，同其他层相似，APS 提供两种类型的服务：数据服务和管理服务。数据服务由 APS 数据实体提供，通过 APSDE 服务接入点接入网络。管理服务由 APS 管理实体提供，并通过 APSME-SAP 接入网络。

在 ZigBee 的应用层中，包括应用设备中的各种应用对象控制和管理协议层。一个设备中最多可以有 240 个应用对象。应用对象用 APSDE-SAP 来发送和接收数据。每一个应用对象都有一个唯一的终端地址（终端 1 ~ 终端 240）。终端地址 0 用于 ZigBee 设备对象。为了广播一个消息给全部应用对象，终端地址设到 255。终端地址允许多设备共用相同的无线资源。

ZigBee 设备对象给 APS 和应用架构提供接口。ZigBee 设备对象包含 ZigBee 协议栈中所有应用操作的功能。例如，ZigBee 设备对象负责设定设备在 ZigBee 网络中是网络协调器还是路由器，或者终端设备。

（二）应用层基本功能

APS 提供网络层和应用层之间的接口。其具有以下功能：

（1）维护绑定表。

（2）设备间转发消息。

（3）管理小组地址。

（4）把 64 位地址映射为 16 位网络地址。

（5）支持可靠数据传输。

ZigBee 设备对象的功能：

（1）定义设备角色。

（2）发现网络中设备及其应用，初始化或响应绑定请求。

（3）完成安全相关任务。

（三）ZigBee 在物联网中的应用前景分析

由于 ZigBee 低功耗的特性，其有着广阔的应用前景，主要应用在数据传输速率不高的短距离设备之间，非常适合物联网中的传感器网络设备之间的信息传输，利用传感器和 ZigBee 网络，更方便收集数据，分析和处理也变得更简单。其应用领域主要包括以下几项。

（1）家庭和楼宇网络：空调系统的温度控制、照明的自动控制、窗帘的自动控制、煤气计量控制、家用电器的远程控制等。

（2）工业控制：各种监控器、传感器的自动化控制，如在矿井生产中，安装具有 ZigBee 功能的传感器节点可以告诉控制中心矿工的准确位置。

（3）商业：智慧型标签等。

（4）环境控制：烟雾探测器等。

（5）精细农业：与传统农业相比，采用传感器和 ZigBee 网络以后，传感器收集包括土壤的温度、湿度、酸碱度等信息。这些信息经由 ZigBee 网络传输到中央控制设备，通过对信息的分析从而有助于指导农业种植。

（6）医疗卫生：借助医学传感器和 ZigBee 网络，能够准确、实时地监测每个病人的血氧、血压、体温及心率等信息，从而减轻医生查房的工作负担。例如，老人与行动不便者的紧急呼叫器和医疗传感器等。

ZigBee 技术在其他领域也有着广阔的应用前景。在运动休闲领域、酒店服务行业、食品零售业中都有 ZigBee 技术的应用。在不久的将来，会有越来越多的具有 ZigBee 功能的设备进入人们的视野，这将极大地改善人们的生活。

四、蓝牙技术

2009 年 12 月蓝牙技术联盟正式推出了采用低耗能版本蓝牙核心规格 4.0 版的升级版蓝牙低耗能无线技术，将蓝牙技术应用延伸至医疗、保健、运动、健身、家庭娱乐等全新市场。4.0 版蓝牙拥有低耗能、更大的传输范围、支持拓扑结构等特性，这与 ZigBee 联盟制定的 ZigBee 标准十分类似。蓝牙技术联盟并没有将蓝牙技术仅局限在民用的消费级应用上，随着物联网发展的加速，蓝牙技术的未来仍将是工业化应用。

随着移动互联网时代的到来，手机将成为最重要的移动互联网设备。目前超过 90% 的手机都具备了蓝牙功能，因此采用蓝牙技术作为物品接入互联网的方式具有广泛基础。在长时间通信中，低功耗特性非常关键，这是具有低功耗特性的蓝牙技术被广泛应用于物联网的内在动因之一。

（一）蓝牙的技术背景及应用前景分析

1. 蓝牙技术背景

蓝牙，是一种支持设备短距离通信（一般 10 m 内）的无线电技术，能在包括移动电话、掌上电脑、无线耳机、笔记本电脑、相关外设等众多设备之间进行无线信息交换。利用蓝牙技术，能够有效地简化移动通信终端设备之间的通信，也能够成功地简化设备与互联网之间的通信，从而使数据传输变得更加迅速高效，为无线通信拓宽道路。蓝牙采用分散式网络结构以及快跳频和短包技术，支持点对点及点对多点通信，工作在全球通用的 2.4 GHz ISM（即工业、科学、医学）频段。其数据传输速率为 1 Mbit/s。采用时分双工（Time Division Duplexing，TDD）传输方案实现全双工传输。它的一般连接范围是 10 m，通过扩展可以达到 100 m；不限制在直线的范围内，甚至设备不在同一间房内也能互相连接。蓝牙设备有两种组网方式：微微网（Piconet）和散射网（Scattemet）。在微微网中，多个蓝牙共享一条信道，其中一个为主单元，最多支持 7 个从单元。具有重叠覆盖区域的多个微微网构成散射网，从单元时分复用的方式参加不同的单元，一个微微网中的主单元可以作为另一个微微网的从单元。

蓝牙使用跳频扩频（Frequency Hopping Spread Spectrum，FHSS）技术，理论跳频速率 1 600 跳 /s。跳频技术是把频带分成若干个跳频信道，在一次连接中，无线收发器按一定的码序列（伪随机码）不断地从一个信道跳到另一个信道，只有收发双方是按照这个规律进行通信的，而其他的干扰不可能按照同样的规律进行干扰。跳频的瞬时带宽是很窄的，但扩展频谱技术使这个窄频带成百地扩展成宽频带，使干扰可能产生的影响变得很小。以 2.45 GHz 为中心频率，最多可以得到 79 个 1 MHz 带宽的信道。在日本、西班牙和法国，频段的带宽很小，只能容纳 23 个跳频点，其带宽仍为 1 MHz 间隔。蓝牙的信道以时间长度划分时隙，时隙依据微微网主要单元蓝牙时钟来编号。蓝牙系统中主、从单元的分组传输采用时分双工交替传输方式，主单元采用偶数编号的时隙开始信息传输，而从单元则采用奇数编号时隙开始信息传输，分组起始位置与时隙的起始点相吻合，由主或从单元传输的分组可以扩展到5个时隙。蓝牙采用的调制方式为 GFSK，使用三种功率：0 dBm（1 MW）、4 dBm（2.5 MW）、20 dBm（100 MW）。

在主单元和从单元之间，可以建立不同类型的链路，如同步面向连接的链路（Synchronous Connection Oriented，SCO）、异步无连接链路（Asynchronous Connectionless Link，ACL）。同步面向连接的链路是在主单元和指定的从单元之间实现对称的、点对点连接，同步面向连接的链路连接方式采用预留时隙，因此该方式可看作在主单元和从单元之间实现的电路交换链路，它主要用于支持类似于像话音这类的时限信息。异步无连接链路连接定向发送数据包，它既支持对称连接又支持不对称连接。在非同步面向连接的链路连接的保留时隙里，主单元可以以时隙为单位与任何从单元的分组交换连接。蓝牙支持一条异步数据通信信道、三条同步语音信道或一条同时支持异步数据和同步语音的信道。语音信道速率为 64 Kbit/s，语音编码采用对数 PCM 或连续可变斜率增量（Continuous Variable Slope Delta，CVSD）调制。异步数据通信信道速率：不对称时，一个方向最大 723.2 Kbit/s，反向时 57.6 Kbit/s；对称时为 433.9 Kbit/s。

2. 蓝牙技术的应用前景分析

数据通信原本是计算机与通信相结合的产物。近年来移动通信迅速发展，便携式计算机如膝上型电脑、笔记本电脑、手持式电脑以及个人数字助理等迅速普及，还有因特网的快速增长，使人们对电话通信以外的各种数据信息传递的需求日益增长。近来广泛使用的全球通（GSM）数字移动电话已经增加了数据通信的需求，不仅能够区分话音呼叫和数据呼叫，还能区分不同种类的数据呼叫。第三代移动通信更是把数据通信作为重要业务来考虑。无线数据通信是未来通信的主要方式。

蓝牙技术把各种便携式与蜂窝移动电话用无线电链路连接起来，使计算机与通信密切结合，使人们能够随时随地进行数据信息交换与传输。蓝牙不仅可以应用于家庭网络，小范围办公，而且对个人数据通信也是非常重要的。

因此计算机行业、移动通信行业都对蓝牙技术很重视，认为对未来的无线移动数据业务有巨大的促进作用，预计在最近几年内无线数据通信业务将迅速增长，蓝牙技术被认为是无线数据通信最为重大的进展之一。

蓝牙技术的应用范围很广。爱立信推出的蓝牙耳机，是人们看到的第一个蓝牙产品。支持手机、笔记本电脑只是蓝牙应用的第一个阶段。可以预见，在未来几年，手机生产商将陆续推出带蓝牙功能的移动电话。而后蓝牙的应用将由手持终端扩展到如汽车、航空、消费类电子、信息家电等领域。

目前，一些厂商已经开发了数款面向企业和普通消费者的蓝牙技术产品，其中有一款叫作网络驱动器（Net Drive）的便携式硬盘，它利用蓝牙技术无线接收数据并加以存储（总容量可以达到 200 MB）。计算机用户可以在主机与硬盘间进行无线操作，当他离开时，可将硬盘带走，防止他人非法操作，回来后只需重新装上硬盘便可继续工作。

支持蓝牙技术的车载电话也已经开发出来。汽车制造商积极响应蓝牙技术，计划在车上安装车载免提电话系统，与蓝牙相匹配的移动电话一同工作。蓝牙可保持移动电话和个人计算机的无绳连接。即使用户的个人计算机放在手提箱里，用户也可以通过电话接收电子邮件，通过移动电话屏幕阅读邮件标题。构造家庭网络是蓝牙技术最重要的应用之一。家庭内部所有信息设备之间连成网络，构成家庭网络是未来信息社会发展的必然趋势。

（二）蓝牙技术协议结构及研究现状

蓝牙技术的协议结构。整个协议体系结构分为底层硬件模块、中间协议层和高层应用框架三大部分。

1. 底层硬件模块研究现状

底层硬件模块包括无线射频（RF）、基带（Base Band，BB）和链路管理（Link Manager，LM）三层。无线射频层通过 2.4 GHz 无须授权的 ISM 频段的微波，实现数据位流的过滤和传输，本层协议主要定义了蓝牙收发器在此频段正常工作所需满足的条件。基带层负责完成跳频和蓝牙数据及信息帧的传输。链路管理层负责建立和拆除链路连接，同时保证链路的安全。

2. 中间协议层研究现状

中间协议层包括逻辑链路控制与自适应协议（L2CAP）、服务发现协议（SDP）、射频串口仿真协议（Radio Frequency Communication，RFCOMM）和电话控制协议（TCS）四项。L2CAP 主要完成数据拆装、协议复用等功能，是其他上层协议实现的基础。服务发现协议为上层应用程序提供了一种机制来发现网络中可用的服务及其特性。射频串口仿真协议基于欧洲电信标准化协会标准，在 L2CAP 上仿真 9 针 RS232 串口的功能，TCS 提供蓝牙设备间语音和数据呼叫控制信令。

在基带和链路管理上与 L2CAP 之间还有一个主机控制接口层（Host Controller Interface，HCI）。主机控制接口层是蓝牙协议中软硬件之间的接口，它提供了一个调用下层基带、链路管理、状态和控制寄存器等硬件的统一命令接口。

3. 高层应用框架研究现状

高层应用框架位于蓝牙协议栈的最上部。其中较典型的应用模式有拨号网络（Dialup Networking）、耳机（Headset）、局域网访问（LANaccess）、文件传输（File Transfer）等。各种应用程序可以通过各自对应的框架实现无线通信。拨号网络应用模式可以通过射频串口仿真协议的串口访问微微网。通过蓝牙技术连接在一起的所有设备被认为是一个微微网。一个微微网可以只是两台相连的设备，如一台便携式计算机和一部移动电话，也可以是 8 台连在一起的设备。在一个微微网中，所有设备都是级别相同的单元，具有相同的权限。在微微网网络初建时，其中一个单元被定义为主单元，其时钟和跳频顺序被用来同步其他单元的设备，其他单元被定义为从单元，数据设备也可由此接入传统的局域网。用户通过协议栈中的音频层在手机和耳塞中实现音频流的无线传输。多台个人计算机或笔记本电脑之间不用任何连线，即可快速灵活地传输文件和共享信息，多台设备也可由此实现操作的同步。随着手机功能的不断增强，手机无线遥控也将成为蓝牙技术的主要应用方向之一。

（三）蓝牙技术功能模块

蓝牙功能一般是通过模块来实现的，但实现的方式不同。有些设备把蓝牙模块内嵌到设备平台中，有些则是采用外加式。蓝牙技术功能模块由无线单元、链路控制单元、链路管理和软件功能单元组成。

1. 无线单元模块

蓝牙空中接口是建立在天线电平为 0 dBm 基础上的。空中接口按美国联邦通信委员会（Federal Communications Commission，FCC）有关电平为 0 dBm 的 ISM 频段的标准。如果全球电平达到 100 MW，则可以使用扩展频谱功能来增加一些补充业务。频谱扩展功能通过的起始频率为 2.402 GHz、终止频率为 2.480 GHz。出于某些本地规定的考虑，日本、法国和西班牙都缩减了带宽。蓝牙最大的跳频速率为 1 660 跳 /s，但是通过增大发送功率可以将距离延长至 100 m。

2. 链路控制单元模块

链路控制单元由基带部分来实现，它描述了基带链路控制器的数字信号处理规范。基带链路控制器负责处理基带协议和其他一些低层常规协议。蓝牙基带协议是电路交换与分组交换的结合。在被保留的时隙中可以传输同步数据包，每个数据包以不同的频率发送。一个数据包名义上占用一个时隙，但实际上可以被扩展到占用 5 个时隙。蓝牙可以进行异步数据通信，还可以支持 3 个同步语音信道同时进行工作，还可用一个信道同时传送异步数据和同步语音。每个语音信道支持 64 Kbit/s 同步语音链路。异步信道可以支持一端最大速率为 721 Kbit/s，而另一端速率为 57.6 Kbit/s 的不对称连接，也可以支持 43.2 Kbit/s 的对称连接。蓝牙基带部分在物理层为用户提供保护和信息保密机制。鉴权基于"请求—响应"运算法则。鉴权是蓝牙系统中的关键部分，它允许用户为个人的蓝牙设备建立一个信任域，如只允许主人自己的笔记本电脑通过主人自己的移动电话进行通信。连接中的个人信息由加密来保护，密钥由程序的高层来管理。网络传送协议和应用程序可以为用户提供一个较强的安全机制。

3.链路管理和软件功能单元模块

链路管理和软件功能单元包括链路的数据设置、鉴权、链路硬件配置和其他一些协议。链路管理能够发现其他远端链路管理并通过链路管理协议（LMP）与之通信。蓝牙设备支持一些基本互操作的要求。对某些设备，这种要求涉及无线模块、空中协议以及应用层协议和对象交换格式。但对另外一些设备，如耳机，这种要求就简单得多。蓝牙设备必须能彼此识别并装载与之相应的软件以支持设备更高层次的性能。蓝牙对不同级别的设备（如个人计算机、手持机、移动电话、耳机等）有不同的要求。例如，蓝牙耳机不能提供地址簿，但配备蓝牙装置的移动电话、手持机、笔记本电脑则具有故障诊断、与外设通信、商用卡交易等功能。

（四）蓝牙技术的关键技术点

蓝牙技术的关键技术点包括无线通信与网络技术、软件工程、软件可靠性理论、协议的正确性验证技术、软硬件接口技术（如 RS232、USB 等）以及高集成、低功耗芯片技术。

（1）跳频技术。跳频是蓝牙使用的关键技术之一，数据包短，抗扰信号衰减能力强，并具有足够强的抗干扰能力。

（2）射频技术。蓝牙的载频选用全球通用免费的 2.4 GHz ISM 频段，无须申请许可证。

（3）基带协议。当两个蓝牙设备成功建立链路后，微微网便形成了，两者之间的通信通过无线电波在 79 个信道中随机跳转而完成。蓝牙给每个微微网提供特定的跳转模式，因此它允许大量的微微网同时存在。

（4）网络特性。蓝牙支持点对点和点对多点的连接，可采用无线方式将若干蓝牙设备连成一个微微网，多个微微网又可互联成特殊分散网，形成灵活的多重微微网的拓扑结构，从而实现各类设备之间的快速通信。蓝牙可以即连即用，组网灵活，具有很强的移植性，并且适用于多种场合。蓝牙的优势在于它的对等连接能力以及多重设定能力。

（5）协议分层。蓝牙的通信协议也采用分层结构。层次结构使其设备具有最大可能的通用性和灵活性。

（6）安全性。采用快速跳频和前向纠错方案以保证链路稳定，减少同频干扰和远距离传输时的随机噪声影响。蓝牙系统的移动性和开放性使得安全问题极其重要，蓝牙系统所采用的跳频技术已经提供了一定的安全保障，并且在链路层中，蓝牙系统提供了认证、加密和密钥管理等功能，每个用户都有一个个人标识码（Personal Identification Number，PIN），它会被译成 128 位的链路密钥（Link Key）来进行双向认证。

（7）可同时支持数据、音频、视频信号传输。

（8）全球性地址。任一蓝牙设备，都可根据 IEEE 802 标准得到唯一的 48 位地址码。它是一个公开的地址码，可以通过人工或自动进行查询。

（9）采用时分复用多路访问技术。基带传输速率为 1 Mbit/s，采用数据包的形式按时隙传送数据，每时隙 0.625 ms，不排除将来可能采用更高的传输速率。每个蓝牙设备在自己的时隙中发送数据，这在一定程度上可有效避免无线通信中的"碰撞"和"隐藏终端"等问题。

五、低功耗蓝牙技术

在近几年，低功耗蓝牙（Bluetooth Low Energy，BLE）作为一种无线连接技术具有爆炸性的发展。目前，其已为数百万个电子装置提供了低功率连线功能，如智能手表、健身追踪器、智能手机配件和医疗监测器。通过即将推出的技术改进，低功耗蓝牙将更加广泛地运用在新一代消费性电子产品与新兴物联网中。

由于蓝牙 4.0 协议拥有极低的运行和待机功耗，使用一粒纽扣电池甚至可连续工作数年；同时还具有低成本、跨厂商互操作性、低延迟、AES-128 加密等诸多特色，大大扩展了蓝牙技术的应用范围。所以，目前很多蓝牙厂商也都推出了符合蓝牙 4.0 版本的低功耗协议的蓝牙芯片。本节将介绍低功耗蓝牙的概念、工作原理，以及蓝牙 4.0 低功耗部分协议的技术原理、协议架构；同时将介绍基于低功耗蓝牙技术的 iBeacon 新功能，使得读者对低功耗蓝牙和 iBeacon 都可以有更深入的了解。

（一）低功耗蓝牙和 iBeacon 的含义

Beacon 是一种低成本的硬件设备，小到可以贴在墙上或者工作台上，可通过低功耗蓝牙传输信息或者将信息直接推送给智能手机或平板电脑。它们将改变零售商、大型活动组织者、交通系统、企业和教育机构与身处室内的人的沟通方式。用户还可以把 Beacon 部署在家庭自动化系统中。

低功耗蓝牙是发布在 2010 年的蓝牙 4.0 规范的一部分，它由诺基亚发起于 2006 年，虽然合并到蓝牙技术，但它是与经典蓝牙不同的一组协议，并且设备不向后兼容。因此现在有三种蓝牙设备：①蓝牙：仅支持经典模式；②智能蓝牙过渡（Bluetooth Smart Ready）：支持经典模式和低功耗模式；③智能蓝牙：仅支持低功耗模式。

低功耗蓝牙的关注点理所当然在低功耗上。例如，一些 Beacon 在一块纽扣电池下（电池通常不更换，除非当 Beacon 停止工作时，才需要更换）可以持续两年传输信号。低功耗蓝牙同经典蓝牙都使用相同的频谱范围：2.4~2.483 5 GHz，每个信道的频宽为 1 MHz。蓝牙 4.0 使用 2 MHz 间距，可容纳 40 个信道。第一个信道始于 2 402 MHz，每一 MHz 一个信道，至 2 480 MHz。具备适配跳频（Adaptive Frequency Hopping，AFH）功能，通常每秒跳 1 600 次。低功耗蓝牙有更低的传输速率，尽管它的本意不是传输大量数据，而是进行发现和简单通信。在理论范围，低功耗蓝牙和经典蓝牙信号都可以最远达到 100 m。

iBeacon 是苹果公司 2013 年 9 月发布的移动设备用 OS（iOS7）上配备的新功能，其工作方式是，配备有低功耗蓝牙通信功能的设备使用低功耗蓝牙技术向周围发送自己特有的 ID，接收到该 ID 的应用软件会根据该 ID 采取一些行动。例如，在店铺里设置 iBeacon 通信模块，便可让 iPhone 和 iPad 上运行一资讯告知服务器，或者由服务器向顾客发送折扣券及进店积分。此外，还可以在家电发生故障或停止工作时可以使用 iBeacon 向应用软件发送信息。

（二）低功耗蓝牙工作原理

低功耗蓝牙有两种工作状态：广播状态和连接状态。

广播状态：广播是单向的被发现机制，想要被发现的设备可以每 10~20 ms 传输一个数据包。时间间隔越短，电池使用寿命越短，设备发现速度越快，发送的数据包通常可以加长至 47 字节。

广播信道协议数据单元（Protocol Data Unit，PDU）：广播信道协议数据单元有它自己的头部和实际的数据负载（最长至 37 字节）。负载的头部后 6 字节是设备的 MAC 地址，实际的数据最长有 31 字节。

低功耗蓝牙可以处于一个非连接广播模式（所有的信息都被包含在广播中），但有时也可以允许连接（通常为允许）。

连接状态：设备被发现之后，可以建立一个连接。对于每一个服务特性，它都可以去读取低功耗蓝牙提供的数据，即每一个特性提供一些可以被读取或被写的值。例如，一个智能调温器可以使用一个服务特性读取当前温度、湿度（作为特性服务），而使用另一个服务特性去设置期望的温度。

iBeacon 的核心技术即为低功耗蓝牙，具体而言，利用了低功耗蓝牙中名为通告帧（Advertising）的广播帧。通告帧是定期发送的帧，只要是支持低功耗蓝牙的设备就可以接收到。

iBeacon 的数据主要由四部分构成，分别是通用唯一识别符（Universally Unique Identifier，UUID）、Major、Minor、Measured Power。

例如，连锁店可以在 Major 中写入区域资讯，可在 Minor 中写入个别店铺的 ID 等。另外，在家电中嵌入 iBeacon 功能时，可以用 Major 表示产品型号，用 Minor 表示错误代码，用来向外部通知故障。

Measured Power 是 iBeacon 模块与接收器之间相距 1 m 时的参考接收信号强度标识（Received Signal Strength Indicator，RSSI）。接收器根据该标识与接收信号的强度来推算发送模块与接收器的距离。

iBeacon 利用以上数据格式就可以进行有效信息的传递。

（三）低功耗蓝牙协议分析

低功耗蓝牙协议的底层与基础蓝牙协议底层基本相似，但在主机端，针对传感器网络应用推出了属性协议（ATT）以及通用属性配置（GATT）。其中，基于逻辑链路控制与适配协议（即 L2CAP 以上）的部分可在主机端实现，这一部分可称为主机端部分，主机控制接口层以下部分可称为芯片控制器层也可简称底层协议。下面对每层协议做一下介绍。

（1）物理层。物理层采用调频技术减少干扰与信号衰减，将 2.402~2.480 GHz 均匀分为 40 个信道，每个信道宽 2 MHz；使用 GFSK 调制解调方式；输出功率为 0.01 ~ 10 MW；传输速率为 1 Mbit/s。提供三个固定的广播信道，广播数据用于建立连接以及发现设备，这样使得建立连接的时间可以压缩到 3 ms 左右，大大提高了设备建立连接的效率。另外，它提供了 37 个数据信道采用自适应调频技术发送数据。

（2）链路层。链路层功能是执行一些基带协议底层数据包管理协议。链路层设备主要有待机、发起、扫描、连接、广播等 5 种工作状态。待机状态不发送和不接收任何包，任何状态都可以进入待机状态。

广播状态在广播信道发送广播包并且监听可能的响应包，广播状态可以由待机状态进入。扫描状态将会监听广播信道包，扫描状态可以从待机状态进入。

发起状态将会监听从特定设备发出的广播包并且发起连接请求作为响应，发起状态可从待机状态进入。

连接状态可以从发起状态或者广播状态进入，在连接状态下有主从两种角色。

当从发起状态进入连接状态时，发起连接请求，将会是主设备，当从广播状态进入连接状态时，将会是从设备。链路层主要有两种重要的事件操作：扫描与建立连接。

设备扫描有被动扫描和主动扫描两种。被动扫描是通过被动接收广播包得到设备信息。主动扫描是通过发送扫描请求得到扫描回应后获取设备信息。

（3）通用接入层定义了通用的接口，供应用层调用底层模块（如设备发现），建立连接相关的业务，同时封装了与安全设置相关的应用程序编程接口。

（4）属性协议层。属性协议允许设备以属性的形式向另外的设备暴露它的某些数据。在属性协议里，暴露属性的称为"Server"端，另外一端称为"Client"。

（5）通用属性配置。通用属性配置层是一种具体使用属性协议的应用框架。通用属性配置定义了属性协议应用的架构。在低功耗蓝牙协议中，应用的数据片段被称为"特征"，而低功耗蓝牙协议中两个设备之间的数据通信就是通过通用属性配置子过程来处理的。

（四）iBeacon 基本功能

一套 iBeacon 的部署由一个或多个在一定范围内发射传输它们唯一的识别码 iBeacon 的信标设备组成。接收设备上的软件可以查找 iBeacon 并实现多种功能，如通知用户；接收设备也可以通过连接 ffleacons 从 iBeacon 的通用属性配置服务来得到自己想要的信息。

（1）定位：在区域内（主要是室内）设置 iBeacon 基站，通过手持蓝牙终端接收 iBeacon 基站发送的与位置相关的通用唯一识别符号和参考接收信号强度标识值，通过加权的三环定位算法即可定位人员在室内的坐标位置。

此定位方法具有功耗小、时延低、传输距离远的特点，最大程度地满足了高精度室内定位技术的要求。一般所有的基站都均匀地分布在所需定位的室内空间中。

（2）测距：iBeacon 的传输距离分为三个不同的范围，最近（Immediate，cm 级）、中距（Near，1 m 以内）和远距（Far，大于 1 m）。

当用户进入、退出或者在区域内徘徊时，iBeacon 的广播有能力进行传播，根据用户和 iBeacon 基站的距离，基站可以得到用户的距离信息，并且这三个距离范围可以相互交互。

（五）低功耗蓝牙技术的优势与劣势

相比传统蓝牙，最新的低功耗蓝牙广播距离增加了，可达 30 m；耗能大幅减少，广播端仅靠一枚纽扣电池就可以坚持数年不间断工作；频段切换频繁，蓝牙广播在繁忙的 2.4 G ISM 频段，快速跳频就会更少被干扰。

iBeacon 若实现超越 Wi-Fi 的室内定位精度的效果，广播端则需要大量作为蓝牙基站的 iBeacon 硬件盒子，因为蓝牙使用的 2.4 G ISM 频段本身易受干扰，测距不太精确，iBeacon 直接测距不准，需要房间里有多个 iBeacon 广播点并且拓扑合理。信号不稳定，需要通过时间平滑，或者多个 iBeacon 互相验证纠正。要做到定位精度高、反应快需要相当的积累。根据联合测试结果，在拓扑合理、算法适当的情况下，每 20 m^2 部署一个 iBeacon 的情况下，定位精度才可以保持在 cm 级别。

除了 iBeacon 广播端部署成本的问题，iBeacon 要想实现定位，信号接收端也有要求，由于 iBeacon 是基于最新的蓝牙 4.0 低功耗标准。相比之下，几乎所有的智能手机都可以接收 Wi-Fi 信号，而且 Wi-Fi 热点目前已具有相当规模，可以直接拿来用，唯一需要的是更新 Wi-Fi 热点 MAC 物理地址和真实地理地址的映射数据库。

iBeacon 本身不会自动推送定制信息，信息推送是手机应用中的定制功能，只有安装了某个应用，客户才能在某个 iBeacon 网络收到定制信息。

iBeacon 要实现室内定位，则会面临架设成本高，基础设施不完善；实现基于位置服务（Location Based Service，LBS）消息推送，条件苛刻，不现实；无线支付目前又有安全上的问题等缺点，所以 iBeacon 要想得到推广和应用，需要技术标准协议，以及软硬件上的全方位改造。

（六）低功耗蓝牙技术的未来走向

从目前的情况来看，低功耗蓝牙技术已经为需要低功率无线连线的装置提供了优异的方案。然而，低功耗蓝牙的能源效率甚至将变得更高，且蓝牙 4.1 的改进项目将可让此技术更加容易用于设计新一代的无线装置和智慧型物件，进而组成物联网。即使蓝牙 4.1 拥有这些改进项目，但仍可向下相容于传统的装置。

（1）支援多重角色。链路层与双模式拓扑的改变能让双模式装置同时当作智能就绪（Smart Ready）分享器以及智能（Smart）装置。

（2）高效率资料交换。在逻辑链路控制与适配协议（I2CAP）中新增连线导向通道，能让低功耗蓝牙装置之间的大量资料传输更加有效率，同时减少了负担。

（3）改善连线。工程师在建立和维护蓝牙连线时将享有更多的灵活性，包括自动重新连线。

（4）IP 架构连线。新的核心规格新增专用的逻辑链路控制与适配协议通道，打造了 IPv6 通信的技术基础，借此为物联网铺路。

第二节　物联网网络接入技术

如今已经存在的各种有线无线通信网络，能够满足高带宽、远距离传输的要求。现有通信网用于承载物联网感知信息，需要不同的接入技术来支持。接入网处于物联网传输层汇聚网和承载网之间，实现感知数据从汇聚网到承载网的接入。

物联网的接入方式是多种多样的，各种网关设备是很重要的部件，它们将多种接入手段整合起来，统一接入通信网络中，并且可满足局部区域短距离通信的接入需求，实现与公共网络的连接，同时完成转发、控制、信令交换和编解码等功能，而终端管理、安全认证等功能保证了物联网业务的质量和安全。

结合物联网的特点，网络接入技术不再是传统的通信网中的接入技术。本章介绍的接入技术都是结合了物联网的种种特点的接入方式，主要采用 6LoWPAN、M2M 及全 IP 融合架构。

6LoWPAN 是物联网无线接入中的一项重要技术。6LoWPAN 使用 IPv6 的低功率无线个人局域网，该技术结合了 IEEE 802.15.4 无线通信协议和 IPv6 技术的优点，解决了窄带宽无线网络中的低功率、有限处理能力的嵌入式设备使用 IPv6 的困难，实现了短距离通信到 IPv6 的接入。

M2M 接入技术是目前物联网一个重要的接入方式，是物联网中承上启下、融会贯通的平台，同时也是一种经济、可靠的组网方法。现阶段物联网的发展还处于初级阶段，M2M 由于跨越了物联网的应用层和感知层，是无线通信和信息技术的整合，它可用于双向通信，如远距离收集信息、设置参数和发送指令，M2M 技术广泛用于安全监测、远程医疗、货物跟踪、自动售货机等。

全 IP 融合技术是通过全 IP 无缝集成物联网和其他各种接入方式，诸如宽带、移动互联网现有的无线系统，将其都集成到 IP 层中，从而通过一种网络基础设施提供所有通信服务，这样将带来诸多好处，如节省网络成本，增强网络的可扩展性和灵活性，提高网络运作效率等。但物联网时代的数据量巨大，各种物体设备都需接入网络，而传统的地址协议空间不足以满足传感网的巨大需求。全 IP 融合技术和 IPv6 协议可以很好地解决这一问题。就传感网而言，IPv6 协议提供的巨大地址空间，以及 IPv6 协议支持的移动性等特点非常适合与其结合发展。

一、6LoWPAN 技术

6LoWPAN 是实现无线嵌入式网络的重点。IPv6 是 20 世纪 90 年代互联网工程任务组（IETF）设计的用于替代 IPv4 的下一代互联网 IP，用于解决迅速增长的互联网需求。6LoWPAN 技术结合了 IEEE 802.15.4 无线通信协议和 IPv6 技术的优点。它采用的是 IEEE 802.15.4 规定的物理层和 MAC 层，不同之处在于 6LoWPAN 技术在网络层上使用互联网工程任务组规定的 IPv6。

在物联网中，信息采集最基本和最重要的方式之一就是传感器，每个传感器都具有数据采集、简单的数据处理、短距离无线通信和自动组网的能力。大量传感器节点组成传感器网络。随着传感器与无线网络技术的迅速发展，需要进行处理和传输的数据量也急剧增加。为了实现对物体智能控制的目标，人们将大量的传感器节点接入互联网。而传统的 IP 地址协议空间不足以满足传感器网络的巨大需求。IPv6 协议可以很好地解决这一问题。在这种背景下，2004 年 11 月互联网工程任务组正式成立了 6LoWPAN 协议工作组，即基于 IPv6 协议的低功耗无线个人局域网工作组，该工作组致力于研究如何解决 IPv6 数据包在 IEEE 802.15.4 上的传输问题，规定 6LoWPAN 技术在物理层采取 IEEE 802.15.4，MAC 层以上采取 IPv6 协议栈。

（一）无线嵌入式设备网络与网络协议的关系

功率和频宽比：电池供电的无线设备需要保持很低的频宽比，降低设备功率，并准备随时访问网络。

多播：嵌入式无线电技术，如 IEEE 802.15.4，并不特定支持多播，在这样一个网络中，泛洪式传输对功率和带宽都是一种极大的浪费。多播对 IPv6 的操作而言是极为重要的。

网格拓扑：嵌入式无线电技术的应用主要受益于多条网格组网以获得要求的覆盖范围和有效的开销。

带宽和帧大小：低功率无线嵌入式无线电技术通常有有限的带宽（在 20 ~ 250 Kbit/s）和帧长度（40 ~ 200 字节）。在网格拓扑结构中，随着信道共享技术的使用，带宽进一步降低，并随着多跳转发快速减少。IEEE 802.15.4 标准有 127 字节的帧长度，layer2 净负载字节长度只有 72 字节。Pv6 标准中的最大帧长度为 1 280 字节，因此需要进行划分。

可靠性：标准互联网协议不对低功率无线网络进行优化。例如，传输控制协议无法区分丢包的原因是因为拥挤还是因为失去了无线连接。发生在无线网络嵌入式网络进一步的不可靠是因为节点的无法读入、能量耗尽和休眠占空比。

为了解决这些问题，互联网工程任务组建立 6LoWPAN 的工作小组，并专门让无线嵌入式设备和网络可以使用 IPv6。IPv6 设计的特点有一个简单的头结构，并具有分级寻址模型，因而适用于在无线嵌入式网络中使用 6LoWPAN。此外，通过为这些网络创建一个专门的标准组，6LoWPAN 中一个很小的 IPv6 堆就可以兼顾最小的设备。最后，通过进行特别针对 6LoWPAN 的邻居发现协议版本的设计，可以将低功率无限网格网络的特性纳入考虑之中。结果是将 6LoWPAN 有效扩展到无线嵌入式领域，从而使端到端 LP 网络和特点得到广泛应用。

（二）6LoWPAN 技术优势分析

无线嵌入式网络使得很多应用变得可能，然而这些应用程序大量使用的专有技术使其难以融入更大的网络，并且很难更好地提供基于互联网的服务。这一问题可以通过使用 IP 解决，IP 整合各种不同应用使它们互相融合。IP 的好处有以下几项。

（1）普及性。IP 技术被众多的人接受。作为下一代互联网核心技术的 IPv6，在 LoWPAN 网络中使用也更易于被大众接受。

（2）适用性。基于 IP 的设备不需要翻译网关或授权书就可以很容易地连接到其他的 IP 网络。

（3）兼容性。IP 网络对现有的网络基础设施兼容。

（4）开放性。IP 是开放性协议，随着标准化进程和文件对公众的开放，

IP 技术在一个开放和自由的环境中越来越具体，从而产生了大量相关的创新。

（5）更广阔的地址空间。单从数字上来说，IPv6 所拥有的地址容量约是 IPv4 的 $8 \times 1\,028$ 倍。这不但解决了网络地址资源数量的问题，同时也为除计算机外的设备连入互联网在数量限制上扫清了障碍，满足了部署大规模、高密度 LoWPAN 网络设备的需求。

（6）IPv6 支持无状态自动地址配置。IPv6 采用了无状态地址分配的方案来解决高效率海量地址分配的问题。其基本思想是网络侧不管理 IPv6 地址的状态。节点设备连接到网络中后，将自动原 IP 架构选择接口地址（通过算法生成 IPv6 地址的后 64 位），并加上前缀地址，作为节点的本地链路地址。

由此可见，IPv6 技术在 6LoWPAN 上的应用具有广阔的发展空间，从而使得大规模 6LoWPAN 的实现成为可能。与传统的 IP 网络直接通信需要很多互联网协议，通常需要一个操作系统来处理这些协议的复杂性和可维护性。传统的互联网协议对嵌入式设备的主要要求如下。

第一，安全：IPv6 包括可选的支持 IP 安全认证和加密，并且网络服务通常利用安全接口或运输层安全机制。这些技术有时候会太复杂，特别是对简单的嵌入式设备。

第二，网络服务：互联网网络服务取决于网络服务，主要是传输控制协议、HTTP、简单对象访问协议（Simple Object Access Protocol，SOAP）和复杂传输类型的 XML 等。

第三，管理：基于简单网络管理协议的管理和网络服务经常是低效和复杂的。

第四，帧长度：现在的网络协定需要足够的帧长度，大量应用协议对带宽有很高要求。

（三）6LoWPAN 的历史和标准

6LoWPAN 是由互联网工程任务组定义的一系列标准，它发展并兼容所有核心网络的标准和架构。6LoWPAN 的简单技术定义是：通过一个适配层和优化的相关协议，6LoWPAN 标准使 IPv6 能够高效地在简单的嵌入式设备的低功耗、低速率无线网络中应用。

虽然嵌入式 IP 已经有很长的历史了，6LoWPAN 互联网工程任务组的工作小组于 2005 年才正式开始。20 世纪 90 年代，摩尔法则假定指出，计算和通信能力的迅速提高，可以使得任何嵌入式设备都能够实现 IP。虽然这个假定有一部分是真实的，而且物联网发展速度极快，但是廉价、低功耗的微控制器和低功耗的无线网络无线电技术并没有得到应用。绝大多数简单的嵌入式设备还利用记忆有限的 8 位、16 位微控制器，因为 8 位、16 位微控制器功耗低、廉价、小巧。与此同时，无线科技的物理权衡导致了短程、低功率的无线电有限的数据传输速率、帧长度和占空比，在 IEEE 802.15.4 标准中就是这样。

IEEE 802.15.4 标准在 2003 年发布是 6LoWPAN 标准化的最主要因素。全球广泛支持的低功率，使得无线嵌入式通信标准变为现实（IEEE 802.15.4）。新标准的普及给因特网社区适应这种 IP 无线嵌入式链接的标准必要的鼓舞。

2007 年第一个 6LoWPAN 标准发布，RFC4919 指定了原始标准的基本需求和初始目标，接着 RFC4944 具体说明了 6LoWPAN 的格式和功能。通过实验和研究工作，6LoWPAN 工作小组对头压缩、邻居发现、使用场景和路由要求等方面进行了改进。2008 年，新互联网工程任务组低功耗、低损耗网络路由器工作小组成立。这个工作小组致力于研究低功耗、无线、不可靠网络中的路由要求和解决方案。虽然不是限制在 6LoWPAN 中使用，但在 6LoWPAN 中使用是一个主要的目标。

2008 年， SP100.11a（也称为 ISA100），是基于 6LoWPAN 的。开放空间联盟（Open Geospatial Consortium，OGC）规定基于 IP 的感应研究和应用的解决方案。2007—2008 年，6LoWPAN 工作组陆续发布了一些草案，包括 6LoWPAN 数据包格式、6LoWPAN 协议体系架构、路由协议、IPv6 邻居发现技术及 6LoWPAN 协议应用场景等。2009 年，欧洲电信标准协会成立了一个 M2M 的工作组，包括兼容 LoWPAN 的端到端 IP 架构。

（四）6LoWPAN 基本架构

LoWPAN 的三种不同价格：简单型 LoWPAN、扩展型 LoWPAN、自组织型 LoWPAN。一个 LoWPAN 是 6LoWPAN 节点的集合，这些节点具有相同的 IPv6 地址前缀（IPv6 地址中前 64 位），这意味着在 LoWPAN 中无论哪个节点的 IPv6 地址都保持一样。自组织型 LoWPAN 不需要连接到互联网，可以在没有互联网基础设施的情况下运行。简单型的 LoWPAN 通过一个 LoWPAN 边缘路由器连接到另一个 IP 网络。一个回程连接（如点对点 GPRS），也可以是中枢网络连接（共享的）。扩展型 LoWPAN 包含了 LoWPAN 中心（如以太网）连接的多边缘路由器。

LoWPAN 通过边缘路由器连接到其他的 IP 网络。边缘路由器起着非常重要的作用，因为在进行 6LoWPAN 压缩和邻居发现时，它可以连接内外网络。如果 LoWPAN 连接到一个 IPv4 网络，边缘路由器也能够处理与 IPv4 网络的互联。边缘路由器有典型的相关 IT 管理解决方案的管理特性。如果多个边缘路由器共享一个共同的骨干链接，则它们能被相同的 LoWPAN 支持。

LoWPAN 由主节点或路由节点与一个或者更多的边缘路由器组成。一个 LoWPAN 节点接口具有相同的 IPv6 前缀，IPv6 前缀被分配给边缘路由器和主机。为了方便有效的网络操作，节点在边缘路由器进行注册。这些操作是邻居发现的一部分，这是 IPv6 的一个重要基本原理。

邻居发现定义了在相同链接中主机和路由器的相互作用。在同一时间内 LoWPAN 节点可以参与多个 LoWPAN（称为 Multi-homing），并且边缘路由器之间可以达到容错性。LoWPAN 中的节点可以在边缘路由器之间甚至不同 LoWPAN 之间自由移动。

如同正常 IP 节点间通信一样，LoWPAN 节点和其他 IP 网络节点之间的通信是以一种端到端的方式进行的。每一个 LoWPAN 节点都由一个 IPv6 地址唯一确定，并且可以发送和接受 IPv6 数据包，简单型 LoWPAN 和扩展型 LoWPAN 节点可以借助边缘路由器的服务器互相通信。由于 LoWPAN 节点的有效负荷和处理能力严格受限，应用协议经常在 UDP 负载中设计一个简单的二进制格式。

简单型 LoWPAN 和扩展型 LoWPAN 的主要不同在于 LoWPAN 中的多边缘路由器的存在，它们拥有共同的 IPv6 前缀和主干链接。多重 LoWPAN 可以与其他部分交叠（即使是在同样的信道中）。当节点从一个 LoWPAN 移动到另一个 LoWPAN 时，节点的 IPv6 地址会发生变化。简单型 LoWPAN 通过回程链路连接到互联网。

网络调度时，根据网络管理需求，一般优先考虑多重简单型 LoWPAN 而不是回程链接中的扩展型 LoWPAN。

在扩展型 LoWPAN 结构中，多个边缘路由器共享一个共同的骨干链接和通过拥有同样的 IPv6 的前缀合作，卸载的大多数邻居发现消息来自骨干链接。这大大简化了 LoWPAN 节点操作，因为 IPv6 地址在扩展型 LoWPAN 和运动的边缘路由器之间是稳定的。

边缘路由器代表 IPv6 节点对外进行转发。对 LoWPAN 外面的 IP 节点而言，不管它们的接入点在哪里，LoWPAN 节点总是可以接入的。这使得大企业也可以建立 6LoWPAN 基础设施。运行起来和 WLAN（Wi-Fi）接入点的基础设施相似，只是接入点第 3 层代替第 2 层。

6LoWPAN 不需要基础架构操作，但也可以作为 Ad-HOcLOWPA 进行操作。在这种拓扑结构中，一个路由器必需配置一个简化的边缘路由器，实现两个基本功能：生成一个独特的本地单播地址（Unique Local Unicast Address，ULUA），以及实现 6LoWPAN 邻居发现注册功能。

一个简单的 6LoWPAN 中的 IPv6 协议栈（也称为 6LoWPAN 协议栈）与普通 IP 协议栈基本相同，在以下几个方面有不同之处。

首先，6LoWPAN 仅支持 IPv6，在 IEEE 802.15.4 和 RFC4944 里面类似的链路层中，LoWPAN 适配层是定义在 IPv6 之上的优化。实际上，嵌入式设备实现 6LoWPAN 协议栈经常同 IPv6 一起对 LoWPAN 进行配置，因此它们作为网络层的一部分一起展示。

其次，在传输协议方面。最常见的 6LoWPAN 传输协议是用户数据协议（User Datagram Protocol，UDP），它也可以按照 LoWPAN 格式进行压缩。因为性能、效率和复杂性的问题，6LoWPAN 的传输控制协议不常用。互联网控制消息协议（ICMPv6）用来进行信息控制。

LoWPAN 格式和全 IPv6 之间的转换由边缘路由器完成，该转换对双向都是透明、高效的。在边缘路由器中的 LoWPAN 转换是作为进行 6LoWPAN 网络接口驱动的一部分，并且对 IPv6 协议栈本身通常是透明的。

（五）6LoWPAN 链路层

IP 的最重要功能之一是互联各种异构网络使之成为一个单一的互操作的网络。这同样适用于 6LoWPAN 和嵌入式网络，那里有许多无线（也有有线）链路层技术。嵌入式网络的针对性应用比典型个人计算机网络需要更广泛的通信解决方案，个人应用几乎普遍地使用以太网和 Wi-Fi。幸运的是在嵌入式网络应用领域里，IEEE 802.15.4 标准是最常见的 2.4 GHz 无线技术，并已经被用于作为 6LoWPAN 发展的基础。其他 6LoWPAN 技术包括 GHz 以下无线电、远程遥测链接和平坦功率通信。

为了能够在互联网协议下工作，链路层应当具有一些特点满足要求。这些特点包括框架、寻址、纠错、长度指示、可靠性、广播以及合理的帧长度。6LoWPAN 的设计是为了可以使用一种特殊类型的链接，具有一套的链接要求和建议。

链路层支持 6LoWPAN 最基本的要求是框架、单播传输和寻址。寻址需要区分同一链接中的节点，并形成 IPv6 地址。它强烈建议一个链接支持唯一的默认地址情况下，从而能够支持无边界的自动配置。多址接入链接应该提供广播服务。IPv6 标准要求能够提供多播服务，只要满足广播就足够了。IPv6 需要最大传输单元（Maximum Transmission Unit，MTU），这一要求 6LoWPAN 满足，因为它支持 6LoWPAN 适配层的划分。一个链接应该提供至少 30 字节长的有效负载长度，最好是大于 60 字节。虽然用户数据协议和互联网控制报文协议（Internet Control Message Protocol，ICMP）包括一个简单的 16 位校验，建议链路层也进行纠错检查。最后，因为 IPsec 对 6LoWPAN 而言，并非总是很实用的，强烈建议连接点具有强大的加密和认证能力。2006 年版本的 IEEE 802.15.4 标准中不包括"下一个协议标识符"，这使得检测负载中的协议十分困难。

接下来的部分介绍了用于 6LoWPAN 的三种链路层技术：IEEE 802.15.4、GHz 以下的 ISM 带宽无线电和低速功率线通信。

IEEE 802.15.4 标准描述了低速率无线个人局域网的物理层和 MAC 协议，属于 IEEE 802.15 工作组。IEEE 802.15.4 定义了两个物理层标准，分别是 2.4 GHz 和 868/915 MHz 物理层。两个物理层都基于直接序列扩频（Direct Sequence Spread SPECTRUM，DSSS），使用相同的物理层数据包格式。第一个版本的标准于 2003 年发布，2006 年修订。最近 IEEE 802.15.4a 标准发布，扩展 IEEE 802.5.4 有两个新的物理层标准，分别是 2.4 GHz 物理层和 3.1 ~ 10.6 GHz 的超宽带物理层。两个物理层都基于直接序列扩频，使用相同的物理层数据包格式，区别在于工作频率、调制技术、扩频码片长度和传输速率。

（1）IEEE 802.15.4 网络构成和网络拓扑。IEEE 802.15.4 支持两种拓扑："单跳"星形或"多跳"对等拓扑。

最简单的一种是星形网，只有一个网络协调器，连接多个从设备。为了降低系统成本，定义了两种物理设备：全功能设备和精简功能设备。全功能设备支持各种拓扑结构，可以作为网络协调器，可以与任何其他设备对话。精简功能设备仅支持星形结构，不能作为网络协调器，只能与网络协调器对话，但是实现非常简单。在星形网中只有网络协调器是全功能设备，其他均为精简功能设备。另一种网络结构是对等网络，它的覆盖范围很大，有成千上万个节点。

（2）IEEE 802.15.4 网络的工作模式和数据传送方式。IEEE 802.5.4 支持两种工作模式：信标使能（Beaconenabled）和无信标使能（Nonbeaconenabled）模式。信标使能模式中，协调器定期广播信标，以达到相关设备实现同步及其他目的。在无信标使能模式中，协调器不定期广播信标，而是在设备主动向它请求信标时再向它单播信标。

IEEE 802.15.4 网络数据传送方式有三种：直接数据传输、间接数据传输和有保护时隙数据传输。数据可以在协调者和设备之间进行传输，也可以在对等网络中从一方到另一方传输。

（3）IEEE 802.15.4 的技术特点，允许传输的报文长度较短。MAC 层允许的最大报文长度为 127 字节，除去 MAC 头部 25 字节后，仅剩下 102 字节的 MAC 数据。

支持两种地址。长度为 64 位的标准 EUI-64 长 MAC 地址以及长度仅为 6 位的短 MAC 地址，可以视协议实现选用两种地址。

带宽低。在不同的工作频率下，IEEE 802.15.4 协议提供不同的数据速率：250 Kbit/s（2.4 GHz）、40 Kbit/s（915 MHz）、20 Kbit/s（868 MHz）。

网络拓扑简单，可以在拓扑中进行多跳路由的操作。一般运行 IEEE 802.15.4 的节点都要求使用低功耗的硬件设备，使用电池供电。

（六）6LoWPAN 寻址与 6LoWPAN 适配层

6LoWPAN 中 IP 寻址同任何 IPv6 网络中都相同，类似于以太网络中的寻址。IPv6 地址是由 6LoWPAN 的前缀和无线网络接口链路层地址自动形成的。6LoWPAN 中的寻址方式的不同之处在于低功耗的无线技术支持链路层寻址，链路层地址和 IPv6 地址之间的直接映射用于进行压缩。

IPv6 地址长 128 位，前 64 位为前缀部分，后 64 位是接口的标识符。无边界地址自动配置，用于形成 IPv6 链路层地址的无线通信接口的接口标识符。为了压缩和简化，6LoWPAN 网络假定 ID 直接映射到链路层地址，因此可以避免地址分辨的需要。6LoWPAN 中 IPv6 地址的格式由前缀和链路层地址组成，这样可以获得高的压缩比。

IPv6 协议作为流行的网络层协议大多部署在路由器、个人计算机等计算资源较为丰富的设备上；而无线传感器节点采用 IEEE 802.15.4 标准，大多运行在计算资源稀缺的无线设备上。由于两者在设计出发点上的不同，导致了 IPv6 协议不能像构架以太网那样直接地构架到 IEEE 802.15.4 MAC 层上，需要一定的机制来协调这两层协议之间的差异。在无线传感器网络超轻量化 IPv6 协议栈研究项目的实现中，在 IPv6 层和 MAC 层之间引入了适配层来屏蔽 MAC 层的差异，来解决 6LoWPAN 遇到的若干问题。适配层的主要功能如下。

（1）6LoWPAN 支持树状和网状等点对点的"多跳"拓扑。适配层为 6LoWPAN 提供网络拓扑构建、地址分配和 MAC 层路由等服务。在"多跳"拓扑中，中间的节点作为适配层报文的转发者，为其他节点转发数据报文。

（2）IEEE 802.15.4 标准定义的 MAC 层的最大传输单元为 102 字节，而 IPv6 协议要求的最小传输单元为 1 280 字节。适配层对 IPv6 报文头部进行压缩和解压缩，并且对超过 102 字节的报文进行分片和重组。

（3）与以太网不同，IEEE 802.15.4 不支持组播，由适配层为 IPv6 提供组播的支持。

二、M2M 接入技术

机器对机器通信（Machine-to-Machine Communication，M2M）正伴随着第三代移动通信系统的运营成为中国电信产业发展的焦点。M2M 是基于特定行业终端，以公共无线网络为接入手段，为客户提供机器到机器的通信解决方案，满足客户对生产过程监控、指挥调度、远程数据采集和测量、远程诊断等方面的信息化需求。M2M 不是简单的数据在机器和机器之间的传输，更重要的是，它是机器和机器之间的一种智能化、交互式的通信，具有广泛的应用前景。目前 M2M 应用已经在我国电力、交通、智能家居、物流行业、企业安防以及金融等多个行业中均有相应应用，已被正式纳入国家《信息产业科技发展"十一五"规划和 2020 年中长期规划纲要》的重点扶持项目中。

物联网是把所有物品通过射频识别等信息传感设备与互联网连接起来，实现智能识别和管理，是继计算机、互联网与移动通信之后的又一次信息产业浪潮。从"智慧地球"到"感知中国"，无论物联网的概念如何扩展和延伸，其最基本的物物之间感知和通信是不可替代的关键技术。

M2M 技术是物联网实现的关键，是无线通信和信息技术的整合，用于双向通信，适用范围较广，可以结合 GSM/GPRS/UMTS 等远距离传输技术，同样也可以结合 Wi-Fi、蓝牙、ZigBee、射频识别和 UWB 等近距离连接技术，应用在各种领域。

从运营商角度定义，M2M 是基于特定行业终端，以 SMS/USSD/GPRS/CDMA 等为接入手段，为集团客户提供机器到机器的解决方案，满足客户会生产过程监控、指挥调度、远程数据采集和测量、远程诊断等当面的信息化需求。

通过收集、电话、计算机、传真机等机器设备之间的通信来实现人与人的交流，这对我们来说是习以为常的。物联网是"网络一切"。机器与机器之间的对话成为切入物联网的关键。M2M 正是解决机器开口说话的关键技术，其宗旨是增强所有机器设备的通信和网络能力。但目前绝大多数的机器和传感器不具备本地或远程的通信和联网能力。机器的互联、通信方式的选择、数据的整合成为 M2M 技术的关键。

M2M 是机器和机器之间的一种智能化、交互式的通信。也就是说，即使人们没有实时发出信号，机器也会根据既定程序主动进行通信，并根据所得到的数据智能化地做出选择，对相关设备发出正确的指令。可以说，智能化、交互式成为 M2M 有别于其他应用的典型特征，这一特征下的机器也被赋予了更多的"思想"和"智慧"。

　　随着我国社会经济的不断发展和市场竞争的日益深化，各行各业都希望通过加快自身信息化建设，提高工作效率，降低生产和运行成本，全面增强市场竞争力。M2M 技术综合了通信和网络技术，将遍布在人们日常生活中的机器设备连接成网络，使这些设备变得更加智能，从而可以提供丰富的应用，为日常生活、工业生产等的方式带来新一轮的变革。在当今世界，机器的数量至少是人的数量的 4 倍，因此 M2M 具有巨大的市场潜力，未来通信的主体将是 M2M 通信。由于无须布线，覆盖范围广，移动网络是 M2M 信息承载和传送最广泛、最有市场前景的技术。随着移动通信网络带宽的不断提高和终端的日益多样化，数据业务能力不断提高，这将促使 M2M 应用的发展进一步加快，有专家断言，在未来的 3G 时代，"机与机"产生的数据通信流量最终将超过"人与人"和"人与机"产生的通信流量。国际电信联盟在描述未来业务时认为，下一代网络应是一个电信级和企业级的全业务网，能满足新的通信需求，其中首次强调了要为大量的机器服务。而 M2M 与移动技术的结合，有可能带来杀手业务，促进 3G 和下一代网络的发展。一句话，M2M 是移动通信系统争夺的下一个的巨大市场。

　　在我国，工业网络化是工业化和信息化融合的大方向，工业控制需要实现智能化、远程化、实时化和自动化，M2M 正好填补这一缺口；同时，未来长期演进网络建设带来的无线宽带突破，更为 M2M 服务的发展提供了更佳的承载基础——高数据传输速率、IP 网络支持、泛在移动性。3GPP 作为移动通信网络及技术的国际标准化机构，从 2005 年就开始关注基于 GSM 及 UMTS 网络的 M2M 通信。传统的 3GPP 蜂窝通信系统主要以 H2H（Human to Human）应用作为目标进行优化，并对 VoIP、FTP、传输控制协议、HTTP、流媒体等业务应用提供服务质量保障，而 M2M 的业务特征和服务质量要求与 H2H 有明显差异，主要表现在低数据传输速率、低占空比、不同的延迟要求；从终端使用场景和分布的差异来看，传统蜂窝通信系统针对 H2H 终端的典型分布位置和密度进行优化，如手机的典型无线环境和单位面积内的数量，而 M2M 终端的使用环境和数量密度均与 H2H 有明显差异，主要表现为 M2M 网络部署的地理范围比传统手机网络更为广泛，在单位面积内，M2M 终端可能"海量"存在。正是因为以上差异，3GPP 专门发起了多个研究工作组，分别从网络、业务层面、接入网、核心网对 M2M 通信的网络模型、业务特征以及基于未来 3GPP 网络的 M2M 增强技术进行系统的研究。

（一）M2M 接入概述

1. M2M 接入研究背景

M2M 这一理念在 20 世纪 90 年代就出现了，但是仅仅停留在理论阶段。2000 年以后，随着移动通信技术的发展，以移动通信技术实现机器设备的联网成为可能。2002 年左右 M2M 业务就在市场上出现，并在随后的几年迅速发展成为众多通信设备商和电信运营商的关注焦点。目前全球的机器数量远远超过了人的数量，由此，我们可以预见 M2M 技术良好的市场前景。

目前国外尤其欧美地区发展 M2M 已有多年的时间，形成了比较成熟的产业链，并应用到了各行各业。很多通信设备商、软件商、运营商从中受益，M2M 已经成为通信产业新的增长点。其中运营商因为语音市场饱和，格外关注机器通信领域。

我国目前 M2M 市场刚起步，以运营商推动为主，产业链存在很多空白，因此很有必要研究全球 M2M 市场的发展状况，以对我国 M2M 市场的发展进行更好的规划。

2. M2M 接入的含义

M2M 是一种通信理念，也是机器之间建立连接的所有技术和手段的总称。网络技术的出现和发展，给我们的社会生活面貌带来了翻天覆地的变化，人与人之间可以更快捷地沟通，信息的交流也更顺畅。

但是到目前为止，除了计算机和其他一些 IT 设备外，很多普通机器设备几乎不具备联网和通信的能力，如家用电器、各种交通运输工具、各种自动售货机、工厂的机器设备等。而 M2M 的核心目标就是使生活中所有的机器设备都具备联网和通信的能力。应用 M2M 技术具有非常重要的意义，有着广阔的市场前景，它正在推动着社会生产和生活方式的重大变革。与此同时，M2M 不只是简单地远程测量，还能进行远程控制，用户可以在读取远程数据的同时对其进行操控。

M2M 不只是人到机器设备的远程通信，而且还包括机器与机器之间的通信和相互沟通，而反映到人的交互界面可能就只有一个结果。M2M 不是一种新的技术，而是在现有基础上的一种新的应用，很多应用如远程测量和 GPS 已经存在了很多年，但近些年由于移动通信技术的发展才被加上 M2M 的名称。M2M 不只是基于移动通信技术的，无线传感器网络射频识别等短距离无线通信技术甚至有线网络都可以成为连接机器的手段。

3. M2M 接入系统在物联网中的作用

M2M 是指机器（尤其指传感器）之间建立连接的所有技术和手段的总称。而物联网是在互联网概念的基础上，将其用户端延伸和扩展到任何物品与物品之间进行信息交换和通信的一种网络概念。其定义是，通过射频识别、红外感应器、激光扫描器等信息技术或传感设备，按约定的协议，把任何物品与互联网相连，进行信息交换和通信，以实现智能化识别、定位、跟踪、监控和管理的一种网络概念。物联网的最底层末端传感器网络所采集的数据最终要传输到物联网的应用层，而 M2M 系统正好是跨越了物联网的应用层和感知层，完成了将感知层的数据经过融合处理后传输到物联网的应用层，起着承上启下、融会贯通的作用。

现阶段物联网的发展还处于初级阶段，M2M 由于跨越了物联网的应用层和感知层，是无线通信和信息技术的整合，它可用于双向通信，如远距离收集信息、设置参数和发送指令，因此 M2M 技术可以用于安全监测、远程医疗、货物跟踪、自动售货机等。因此，M2M 通信是目前物联网应用中一个重要的通信模式，是物联网中承上启下、融会贯通的平台，同时也是一种经济、可靠的组网方法。

4. M2M 接入业务运营的问题分析

M2M 业务潜力巨大，运营商已经试验或者开展的 M2M 业务只是 M2M 应用的一小部分，可以说，M2M 业务仍处于起步阶段。因此，在看到 M2M 业务巨大潜在巨大市场的同时，我们也看到了 M2M 业务发展存在的许多问题。

（1）缺乏完整的标准体系。由于国内目前尚未形成统一的 M2M 技术标准规范，甚至业界对 M2M 概念的理解也不尽相同，这将是 M2M 业务发展的最大障碍。目前，各个 M2M 业务提供商根据各行业的应用特点及用户需求，进行终端定制，这种模式造成终端难以大规模生产，成本较高、模块接口复杂。此外，不同的 M2M 终端之间进行通信，需要统一的通信协议，让不同行业的机器具有共同的"语言"，这些将是 M2M 的应用基础。

（2）商业模式不清晰，未形成共赢的规模化产业链。M2M 作为一项复杂的应用，涉及应用开发商、系统集成商、网络运营商、终端制造商及最终用户等各个环节，以及与人们生活相关的各个行业。目前，M2M 应用开发商数量众多，规模较小，且各自为战，针对具体业务的开发系统各不相同，开发成本较高；系统集成商只是对具体某个行业提供系统，多个系统和多个行业之间很难进行互联互通；网络运营商正沦为提供通信的管道，客户黏性低、转网成本低，尚未发挥其在产业链中的主导地位作用，M2M终端耦合度低，附加值低，同质化竞争严重；用户对M2M业务认识还比较模糊，由于M2M业务多数是以具体行业应用程序来命名的，大多数用户对此类业务并不称其为M2M业务。可见，涉及M2M业务的各个环节不能很好地协调，还没建立起一套完整的产业链，也没形成成熟的商业模式。

（二）M2M接入对蜂窝系统的优化需求

由于M2M与H2H通信在一些方面（如数据量、数据传输速率、延迟等）有着很大的差异，因此需要对现有的蜂窝系统进行优化来满足M2M的通信要求，具体原因如下：

（1）业务特征的差异。

（2）以往的蜂窝通信系统针对H2H业务进行优化，如VoIP、FTP、传输控制协议、HTTP、流媒体等业务。

（3）M2M业务特征和服务质量要求与H2H有明显的差异，如低数据传输速率、低占空比、不同的延迟要求。

（4）终端使用场景和分布差异。

（5）以往的蜂窝通信系统针对H2H终端的典型分布位置和密度进行优化，如手机的典型无线环境和单位面积内的数量。

（6）M2M终端的使用环境和数量密度与H2H有明显差异，如传感器网络的使用地域比手机更为广泛，在单位面积内M2M终端可能大量地存在。

（三）增强网络层接入能力

在网络层，3GPP主要在M2M结构上做了改进来支持在网络中支持大规模的M2M设备部署及M2M服务需求。

基于机器类型通信设备和机器类型通信服务器之间的端到端的应用使用的是3GPP系统提供的服务。3GPP系统提供专门针对机器类型通信优化的传输和通信服务。机器类型通信设备通过由公众陆地移动电话网（Public Land Mobile Network，PLMN）提供的3GPP承载服务、SMS以及IMS与机器类型通信服务器或者其他机器类型通信设备进行通信。机器类型通信服务器是一个实体，它通过MTCi/MTCsms接口连接到3GPP网络，然后与机器类型通信设备进行通信。另外，机器类型通信服务器这个实体可以在操作域内也可以在操作域之外，接口定义如下。

（1）MTCu：它是机器类型通信设备接入3GPP网络的接口，完成用户层和控制层数据的传输。MTCu接口可以基于Uu、Um、Ww和LTE-Uu接口来设计。

（2）MTCi：它是机器类型通信服务器接入 3GPP 网络的接口，并且通过 3GPP 的承载服务 /IMS 来和机器类型通信设备进行通信。它可以基于 Gi、Sgi 以及 Wi 接口来设计。

（3）MTCsms：它是机器类型通信服务器通过 3GPP 承载服务 /SMS 接入 3GPP 网络的接口。

研究各种机器类型通信应用的典型业务流量特性，定义新的流量模型。针对 SAI 工作组定义的机器类型通信需求，研究对 UTRA 和 EUTRA 的改进，研究针对大量的低功耗、低复杂度机器类型通信设备的优化的 RAN 资源使用。最大程度地重用当前的系统设计，尽可能减少修改，以限制 M2M 优化带来的额外成本和复杂度。

（四）M2M 系统结构及功能描述

1. M2M 系统结构

M2M 系统分为三层：应用层、网络传输层和设备终端层。

（1）应用层包括中间件、数据存储、业务分析、用户界面等部分。其中，中间件包括两部分：M2M 网关、数据收集 / 集成部件。网关是 M2M 系统中的"翻译员"，它获取来自通信网络的数据，将数据传送给信息处理系统，主要的功能是完成不同的通信协议之间的转换。数据收集 / 集成部件是为了将数据变成有价值的信息，对原始数据进行不同加工和处理，并将结果呈献给需要这些信息的观察者和决策者。数据存储用于临时或者永久存储应用系统内部的数据，业务分析面向数据和应用，提供信息处理和决策，用户界面提供用户远程监测和管理的界面。应用层提供各种平台和用户界面以及数据的存储功能，通过中间件与网络传输层相连，通过无线网络传输数据到设备终端。当机器设备有通信需求时，会通过通信模块和外部硬件发送数据信号，通过通信网络传输到相应的 M2M 网关，然后进行业务分析和处理，最终到达用户界面，人们可以对数据进行读取，也可以远程操控机器设备。应用层的业务服务器也可以实现机器之间的互相通信，来完成总体的任务。

（2）设备终端层。设备终端层包括通信模块以及控制系统等。通信模块按照通信标准可分为移动通信模块、ZigBee 模块、WLAN 模块、射频识别模块、蓝牙模块、GPS 模块以及网络模块等。外部硬件包括从传感器收集数据的 I/O 设备、完成协议转换功能将数据发送到通信网络的连接、控制系统、传感器，以及调制解调器、天线、线缆等设备。设备终端层的作用是通过无线通信技术发送机器设备的数据到通信网络，最终传送到服务器和用户。而用户可以通过通信网络传送控制指令到目标通信终端，然后通过控制系统对设备进行远程控制和操作。

（3）网络传输层。网络传输层即用来传输数据的通信网络。从技术上来分，通信网络包括广域网（无线移动通信网络、卫星通信网络、互联网、公众电话网）、局域网（以太网、WLAN、蓝牙）、个域网（ZigBee、传感器网络）等。

2. M2M 技术功能描述

（1）M2M 终端：M2M 终端基于 WMMP 并具有以下功能：接收远程 M2M 平台激活指令、本地故障告警、数据通信、远程升级、数据统计以及端到端的通信交互功能。

（2）M2M 平台：为 M2M 应用服务的客户提供统一的 M2M 终端管理、终端设备鉴权，并对目前短信网关尚未实现的接入方式进行鉴权。支持多种网络接入方式，提供标准化的接口，使得数据传输简单直接。提供数据路由、监控、用户鉴权、计费等管理功能。

（3）M2M 应用业务平台：为 M2M 应用服务客户提供各类 M2M 应用服务业务，由多个 M2M 应用业务平台构成，主要包括个人、家庭、行业三大类 M2M 应用业务平台。

（4）短信网关：由行业应用网关或移动梦网网关组成，与短信中心等业务中心或业务网关连接，提供通信能力，负责短信等通信接续过程中的业务鉴权，设置黑白名单、EC/SI 签约关系 / 黑白名单导入。行业网关产生短信等通信原始使用话单，送给 BOSS 计费。

（5）USSDC：负责建立 M2M 终端与 M2M 平台的 USSD 通信。

（6）GGSN：负责建立 M2M 终端与 M2M 平台的 GPRS 通信，提供数据路由、地址分配及必要的网间安全机制。

（7）BOSS：与短信网关、M2M 平台相连，完成客户管理、业务受理、计费结算和收费功能。对 EC/SI 提供的业务进行数据配置和管理，支持签约关系受理功能，支持通过 HTTP/FTP 接口与行业网关、M2M 平台、EC/SI 进行签约关系以及黑白名单等同步的功能。

（8）行业终端监控平台：M2M 平台提供 FTP 目录，将每月统计文件存放在 FTP 目录，供行业终端监控平台下载，以同步 M2M 平台的终端管理数据。

（9）网管系统：网管系统与平台网络管理模块通信，完成配置管理、性能管理、故障管理、安全管理及系统自身管理等功能。

（五）欧洲电信标准化协会系统结构解析

欧洲电信标准化协会的 M2M 功能结构主要是用于利用 IP 承载的基础网络（包括 3GPP、TISPAN 以及 3GPP2 系统）。同时 M2M 功能结构也支持特定的非 IP 服务（SMS、CSD 等）。M2M 系统结构包括 M2M 设备域和网络与应用域。M2M 设备域由以下几部分组成。

（1）M2M 设备：M2M 设备主要是利用 M2M 服务能力和网络域的功能函数来运行 M2M 应用。M2M 设备域到 M2M 核心网的连接方式主要有以下两种连接方式：①直接连接：M2M 设备通过接入网连接到网络和应用域。M2M 设备主要执行以下几种过程，如注册、鉴权、认证、管理、提供网络与应用域。M2M 设备还可以让其他对于网络与应用域不可见的设备连接到自己本身。②利用网关作为网络代理：M2M 设备通过 M2M 网关连接到网络与应用域。M2M 设备通过局域网的方式连接到 M2M 网关。这样 M2M 网关就是网络和应用域面向连接到它的 M2M 设备的一个代理。M2M 网关会执行一些过程，如鉴权、认证、注册、管理以及代理连接到这个网关的地址全信息（Address Complete Message，ACM）设备向网络与应用域提供服务。M2M 设备可以通过多个网关并联或者串联的方式连接到网络域。

（2）M2M 局域网：可以通过 M2M 局域网让 M2M 设备连接到 M2M 网关，包括个人局域网（如 IEEE 802.15x、ZigBee、蓝牙、IETFROLL、ISA100.11a 等）、局域网（如可编程逻辑控制器、M-BUS、WirelessMBUS 和 KNX）。

（3）M2M 网关：M2M 网关主要作用是利用 M2M 服务能力来保证 M2M 设备连接到网络与应用域，而且 M2M 网关还可以运行 M2M 应用。

M2M 网络与应用域由以下几部分组成。

（1）接入网：接入网允许 M2M 设备域与核心网通信。其主要包括 xDSL、HFC、可编程逻辑控制器、Satellite、GERAN、UTRAN、eUTRAN、W-LAN 和 WiMax。

（2）传输网：允许在网络与应用域内传输数据。

（3）M2M 核心：由核心网和服务能力组成。①核心网主要提供以下服务。以最低程度和其他潜在的连接方式进行 IP 连接。服务和网络控制功能。与其他网络的互联，漫游。不同的核心网可以提供不同的服务能力集合，如有的核心网包括 3GPPCNS、ETSITISPANCN 和 3GPP2CN。②M2M 服务能力。提供 M2M 功能函数，这些函数可以被不同的应用共享。通过一系列的开放接口开放功能应用核心网功能。

（六）核心网针对 M2M 的优化建议

（1）基于群组的优化。为了满足操作者的需求，M2M 设备可以以组为单位来进行管理控制。这种优化可以提供一种简单的模式来控制/升级/收费 M2M 设备，这种模式可以减少多余的信号来防止冲突。而且当 M2M 设备数目很大时，采用这种基于群组的优化策略可以节省大量的网络资源。M2M 设备的分组可以按照区域、设备特性以及设备的从属来划分，M2M 设备的分组方式是很灵活的。而且，每个 M2M 设备对于网络来说是可见的。

（2）M2M 设备与一个或者多个 M2M 服务器通信。M2M 订阅者允许一个或者多个 M2M 服务器通过公众陆地移动电话网与 M2M 设备进行通信，这种通信方式经过优化用于 M2M 通信。为了使 M2M 设备和 M2M 服务器能够进行通信，需要满足以下要求：①M2M 订阅者可以利用 M2M 设备与一个或者多个 M2M 服务器进行通信。②公众陆地移动电话网应该允许 M2M 设备和服务器进行交互，或者由 M2M 设备和 M2M 服务器发起会话。③在 M2M 设备与 M2M 服务器通信之前，公众陆地移动电话网可以对 M2M 设备进行鉴权、认证。④可以唯一地标记 M2M 设备。⑤可以唯一地标记 M2M 设备组。

（3）IPv4 寻址技术。对于一些 M2M 应用来说，需要 M2M 服务器作为 M2M 设备域 M2M 服务器通信的发起者，但是由于 IPv4 地址空间有限，M2M 设备被分配了私有的非路由可达的 IPv4 地址，因此 M2M 设备对于 M2M 服务器是不可达的。

因此，系统应该提供一种机制，使得在公共地址空间的 M2M 服务器可以成功地发送消息给在私有 IPv4 地址空间的 M2M 设备，这个机制应该满足以下要求。①这种机制是可以升级的。②这种机制应该最小化由移动网络运营商（Mobile Network Operator，MNO）和 M2M 使用者要求的配置。③这种机制应该最小化 M2M 服务器，初始化 M2M 设备的所需的消息交互。④这种机制应该最小化其他额外的用户层面的潜在因素。⑤这种机制应该最小化任何对于 M2M 设备安全方面的威胁。

（4）在线少量数据传输。具有在线少量数据传输的 M2M 设备可以频繁地发送或者接收少量的数据。传输的数据量会根据每个 M2M 系统的不同而不同。对于少量在线数据传输，我们可以认为只要应用程序需要就可以随时传输。以下功能是在线少量数据传输所要求的：第一，当一个 M2M 设备连接或者被激活时，必须非常有效地进行少量数据传输；第二，少量数据传输的定义应该在每次业务订阅时进行配置。

（5）离线少量数据传输。具有离线少量数据传输功能的 M2M 设备可以不频繁地发送或者接受少量的数据。传输的数据量会根据每个 M2M 系统的不同而不同。对于离线少量数据传输，M2M 应用能够知道 M2M 设备是否可以通信以及进行少量数据传输，或者当设备不可以通信时，仍然可以传输数据。对于少量数据传输需要以下功能：①当一个 M2M 设备连接或者被激活时，必须非常有效地进行少量数据传输；②少量数据传输的定义应该在每次业务订阅时进行配置。

（6）低移动性。对于 M2M 的低移动性，有以下使用场景。①不频繁地移动，但是在很小的范围内移动，如家庭健康监测。②不频繁地移动，但是在很大的范围内移动，如移动销售终端。③不频繁地移动，在固定的位置，如水位、水温等的测量。

M2M 设备的低移动性会降低低移动性 M2M 设备的资源利用，节省大量的资源。

（7）M2M 订阅。M2M 的特征是由订阅来控制的，任何 M2M 特征的订阅的使用都是在订阅特征的时候被默认激活。同时，基于操作者的权限，也应该允许让 M2M 订阅者来激活未被订阅的 M2M 特性或者关闭已经订阅的 M2M 特性。这种激活 / 关闭机制已经超出了 3GPP 的范围。关于 M2M 订阅，需要以下相关的要求：

一是 M2M 解决方法应该能够向公众陆地移动电话网提供 M2M 订阅并且允许一个或者更多的 M2M 设备来共享这种订阅。

二是每个 M2M 设备都应该与一种 M2M 订阅相关联并且有一种设备订阅（包括用于鉴权的安全证书）。

三是一种 M2M 订阅需要表明被 M2M 设备订阅的特性共享这次订阅。

四是它应使全体机器类型通信的设备共享同一机器类型通信的订阅以使用所有已订阅的机器类型通信的特点属于这个订阅。

（8）M2M 设备触发器。对于许多 M2M 应用来说，M2M 设备与服务器之间有一种数据轮询模型。这是因为每个 M2M 用户都想控制与 M2M 的通信并且不允许 M2M 设备来随机接入 M2M 服务器。另外，在一些应用场合，M2M 设备启动时，M2M 服务器可能偶尔需要从 M2M 设备轮询数据。对于那些不是经常连接到网络的 M2M 设备来说，基于服务器触发指示，来触发 M2M 设备附加或者建立一个 PDP/PDN 连接是非常有利的。为了触发 M2M 设备，需要满足以下要求。①公众陆地移动电话网应该能够触发 M2M 设备来发起与服务器的通信，这次通信是基于服务器触发指示的。②M2M 设备应该可以接收网络的触发指示而且只在接收到触发指示时可以建立与 M2M 的服务器的通信。

（9）M2M监视。M2M设备部署具有高风险性，如被破坏的可能性或者通行模块被盗窃。对于那些M2M设备，网络最好可以监测和报告可能发生的高风险事件（包括位置信息）。为了满足M2M监视，必须满足以下要求：尽量让用户配置相应的监视手段，如监测M2M设备与通用集成电路卡（Universal Integrated Cir-cuit Card，UICC）的联系、M2M功能的错位、附着点的变化、连接的断开等。M2M用户可以配置网络将要执行的动作，网络可以检测到监视的事件。网络可以向M2M用户或者M2M服务器报告监视的活动，可以配置在连接的实际最大损失和M2M订阅的探测之间的最大时间。

（七）M2M的通信管道建立

1.建立蜂窝移动通信管道

在这种通信管道中，终端包括M2M设备或者网关需要安装SIM卡模块，这样可以将M2M应用服务器和网络连接起来。其主要利用现有的移动电信网完成M2M的数据传输，当然在现有的蜂窝移动通信网中会设有特定的接口供M2M传输使用。

2.建立其他无线技术管道

这些通信技术包括卫星通信、IEEE 802.llx、蓝牙、ZigBee（IEEE 802.15）、射频识别等无线通信技术，这些技术主要完成无线传感器网络的部署，然后让无线传感器网络作为M2M重要的补充接入方式。无线传感器网络的国际标准具有的特征：

（1）基于IEEE 802.15.4的低速WPAN技术。

（2）868 MHz/2.4 GHz。

（3）具有低功耗、低成本、近距离等特点。

（4）支持star、tree、mesh等组网方式。

（5）已有量产成熟的芯片。

国内标准特点：①全国信息技术标准化技术委员会无线个域网标准工作组已经和IEEE 802.15.4融合并正式批准IEEE 802.15.4—2009；②工作在780MHz的中国频段。

（八）核心网对M2M业务的优化建议

1.设备标识资源优化

现在H2H终端采用IMEI、IMSI、MSISDN、IPv4地址作为设备标识的资源，以 IMSI 为例，IMSI 号码为 15 位，由 3 位 MCC 国家码、3 位 MNC 网络标识码、9 位设备标识码组成。其资源对于 H2H 终端应该是足够的，全球的手机用户包括各类软终端，目前还远不到 10 亿用户。但如果资源与 M2M 终端共用，就非常紧张。据预测，M2M 终端的数量在未来将是 H2H 终端的 5 ～ 10 倍，如此庞大的数量采用现有的资源肯定是远远不够的。

机器类型通信设备标识应能唯一标识一个 JVKM 终端，可采用 IMSI、MSISDN、IPaddr、IMHJ/IMPI 等。随着 M2M 应用的日益广泛，设备标识资源短缺问题必将日益突出，国际各标准组织（如国际电信联盟、3GPP）也在积极寻求解决方案，设备标识资源不足的问题对核心网的影响需要引起足够的关注。

2. 核心网负荷内容

当大量终端比较集中地接入网络时，对无线、核心网都将构成比较大的负荷，拥塞难免会发生，也会增加人与人之间通信的故障率。

核心网负荷包括控制面负荷与媒体面负荷，可以想象，当大规模的 M2M 设备同时接入核心网，同时发送数据到 M2M 应用平台，核心网会遭受非常大的负荷冲击。一方面，核心网的移动性管理网元需要同时处理终端的接入控制，频繁进行附着、激活、业务请求、创建承载等信令交互，往往会造成控制面负荷过载的发生。同时，当数据交互同时发生时，大量的 M2M 终端通过核心网的媒体网关与同一个远程服务器进行数据通信，这就可能造成媒体网关数据拥塞，特别是媒体网关到远程服务器的 IP 通道会造成数据阻塞，引起媒体面过载的发生。

举例来说，当长江水位上涨到警戒水位时，大量水位监控器会向长江防洪指挥中心的远程服务器发送监控数据，部分检测点可能还会上传实时图像，这类突发的接入与数据传输是 M2M 应用的特点之一，这对核心网的信令面与媒体面的负荷冲击是瞬间的，这对核心网通信的可靠性及健壮性将造成相当大的影响，需要从技术层面规避这种瞬间负荷对网络的冲击。

目前各标准组织也提出了一些方案，如采用随机数接入机制、定时接入机制、对组内最大负荷进行限制等方法来减小瞬间负荷对核心网的冲击。

3. 核心网的安全构建

随着 M2M 终端的日益增多，M2M 终端通信安全问题也引起了各运营商的重视。对于机器类型通信系统优化的通信安全性应不低于非机器类型通信的安全性，如端到端连接安全、组认证安全等。M2M 通信安全是多方面的，有终端接入鉴权安全、端到端通信安全、数据安全等多方面。在终端接入鉴权安全方面，需要防止 M2M 终端接入认证信息被恶意盗用，如 H2H 终端盗用 M2M 终端的 USIM 接入核心网，影响与远程机器类型通信服务器的数据通信安全。

端到端通信链路安全方面，现有的机制很多，如采用类似 VPN 的机制建立 IPsec 隧道等。在归属域，M2M 终端与机器类型通信服务器之间的端到端安全通过归属网络信任域进行保证，但当 M2M 终端漫游到其他运营商的网络时，M2M 终端与机器类型通信服务器通过运营商网络的非信任域进行通信，端到端安全无法保证，需要制定相应的安全机制。

4. 终端管理和计费标准

网络的融合要求机器类型通信上下文中的标识需要得到扩展，同时网络还需要识别 M2M 设备组的标识。可采用 OMA DM 的机制对 M2M 终端进行远程管理、远程更新软件、配置 M2M 终端的初始化参数等。机器类型通信计费需要进行优化，避免大规模 M2M 终端进行数据通信产生的 CDR 对网络的冲击，计费可以考虑按组进行，为属于同一组的 M2M 设备提供更简单的计费机制，或采用某种策略不生成设备的计费话单等各类灵活的计费方式。

针对 M2M 终端多样化的特点，需要对 M2M 终端进行必要的分类，并针对不同类型进行优化。M2M 终端主要类型可分为低移动性类、低数据量类、监控类、组管理类等。对于低移动性与低数据量类设备，需要提高网络资源利用率，降低对设备的移动性管理；对于监控类设备，需要网络进行实时监控，若发现异常事件需要及时汇报给用户及管理后台，同时对设备进行一定的网络接入限制；对于组管理类，需要进一步优化组计费、组管理、组策略等组优化方案。

5. 其他方面的因素

M2M 不同的应用对核心网都有特定的需求，如在测量监控的应用中，需要对测量设备进行实时控制，在现有网络中因 IPv4 地址限制原因，采用网络地址转换（Network Address Translation，NAT）进行内外网地址转换，将导致实时控制的时间延迟问题。

一些 M2M 应用中，M2M 终端可能安装在无人值守的区域，如森林防火、水位监控、空气质量检测类终端，网络需要为这类终端提供防盗检测，一旦发现终端异常移动，网络需要对这类终端进行必要的限制，并及时通知到远程服务器及用户进行异常处理。

对于一个高可用性的场景，如动物监控、儿童走失监控、煤气监控、楼宇监控等，需要终端是低耗能设备，对核心网而言，可能需要提供低耗电移动性控制策略，如延长 Paging、TAU 时间等，保证 M2M 终端的电池使用时间持久。

（九）M2M 技术的发展趋势与应用前景

（1）移动通信技术将成为主流。短距离通信技术将成为推动移动通信实现全球的设备监控和联网，是实现 M2M 最理想的方式，目前也已经有不少的基于移动通信的 M2M 业务。但可以预见，在未来的几年移动通信模块成本和网络建设费用仍然居高不下，为每一台机器或者每一个物品配备移动通信模块仍不现实。在这种情况下，短距离通信将成为扩展移动通信 M2M 的重要手段，尤其在一些特定的应用中。射频识别、无线传感器等短距离通信技术与移动通信网络的无缝连接将成为未来 M2M 应用的重要趋势，这也为网络融合以及"网络一切"理念创造了机遇。射频识别、蓝牙可以直接与移动通信模块连接，也可以通过无线传感器网络连接到移动通信模块。同时，也不排除有新的专门针对 M2M 应用的通信技术产生，能代替现有的各有优点或者缺点的技术。而有线网络和 Wi-Fi 技术由于其高速率和高稳定性的优势，将在一些特殊的领域继续存在。

（2）无线通信技术和 M2M 产业的发展将推动 M2M 标准化。M2M 行业数据标准制定目前已经有初步的成果，但影响力还不大。随着 M2M 产业链的整合以及 M2M 业务领域的不断扩大，相信 M2M 的数据标准、体系结构标准、设备接口标准、安全标准、测试标准将不断地完善和融合，最终形成统一的标准体系。届时，整个标准体系不止包括移动通信 M2M，还将包括短距离通信技术及应用。

（3）无线升级通信终端软件将成为提高经营效率的重要手段。随着 M2M 通信终端和模块的大规模应用，通信终端软件升级将成为困扰 M2M 服务提供商的一个难题。标准化以后，当需要业务更新的时候通常只要更新通信模块的软件和应用设备软件即可。应用设备和服务器一般集中在 M2M 服务提供商和运营商那里，更新很容易，但通信模块和终端的软件升级则需要派遣专业人员提供现场支持，当终端分布在很大的区域内或者数目众多的时候，就会严重降低经营效率。空中下载（Download Over the Air，DOTA）和空中存储（Firmware Over the Air，FOTA）技术目前已经在手机中实现了广泛的应用，经预测，未来手机空中存储软件将迅速发展。M2M 通信对空中存储技术需求比手机应用更强烈，因此虽然目前这项技术在 M2M 领域涉及得比较少，但相信随着 M2M 产业的发展，越来越多的 M2M 厂商会注重这项技术在 M2M 中的作用。

1. 视频监控系统

（1）视频监控 M2M 应用概述。安全防范监控系统是通过传输设备传输视频信号，并从摄像到图像显示和记录构成独立完整的系统。它能实时、形象、真实地反映被监控对象，不但极大地延长了人眼的观察距离，而且扩大了人眼的机能，它可以在恶劣的环境下代替人工进行长时间监视，让人能够看到被监视现场实际发生的一切情况，并通过录像机记录下来。同时报警系统设备对非法入侵进行报警，产生的报警信号输入报警主机，报警主机触发监控系统录像并记录。

安全防范适合于监控网点分散、数量多的大型监控项目，需要建立集中管理模式的监控项目，需要整合个人计算机式、嵌入式主机，以及网络视频服务器的网络监控项目。需要实现多用户、多部门、多级别的权限控制的监控项目。需要简化网络监控操作的项目，监控中心需要组建电视墙进行报警集中管理的项目，前端网点无人值守、需要通过网络集中监控的项目。需要进行集中存储及流媒体转发功能的项目。应用领域：金融行业（各银行网点、信用社、邮政储蓄的远程集中联网监控），公安、交通系统（城市道路监控、高速路监控、城市治安联防监控、"数字城管""平安城市"监控系统），教育系统（考场监控、校园保安监控、远程教学等），油田、煤矿系统（油井、输油管道、矿井的远程集中联网监控），电信、水利、电力行业（机房、无人值守基站的联网监控），跨省市的大型企、事业单位，连锁经营店铺等，娱乐商业场所（歌舞厅、网吧、酒吧、夜总会）以及军队、医院等。

移动视频监控作为目前最重要的视频监控类业务应用，利用高带宽的无线接入，支持在任一地点上传现场图像、在任一位置接收远方图像，并和固定网视频监控系统融合实现监控在时间、地点等方面的全覆盖。移动视频监控是一种具有高端和差异化特色的典型 3G 多媒体应用，可广泛服务于应急指挥、公交监控、家庭监控、公共多媒体服务等领域，从而在原有监控系统的基础上扩大视频监控的应用环境和使用方式，给用户更友好、更便捷、更贴身的业务体验。

在我国，电信运营商从 2004 年开始进入安全监控领域，现在已处于一个快速发展期。目前中国电信推出的视频监控业务品牌是"全球眼"，中国联通推出的品牌是"宽视界"和"神眼"（原中国网通建设，现统一划入中国联通）。另外，中国移动、中国联通也已建设了少量的移动视频监控系统。

随着运营商的重组完成和 3G 牌照的发放，中国电信、中国移动和中国联通已全部成为固定网＋移动 3G 的全业务运营商，视频监控系统将以"固定网和移动融合"为主题加快建设，业务也将得到迅速发展。

（2）视频监控 M2M 应用方案。安全防护中的最重要的应用就是视频监控业务，电信运营商通过构建视频监控业务运营系统，即可开展相关的业务和应用。因此，视频监控业务应该具备固定网移动融合、可运营、可管理、可运维、高可靠性、开放性和标准化等特点。

视频监控系统应该充分考虑电信级平台架构、新业务功能支持、大容量组网、综合网管、电信级存储、系统和运营安全等方面的内容。系统基于下一代网络体系，采用模块化结构设计，提供电信级的可运营系统，可提供面向不同客户群、固定网和移动融合的多样化视频监控应用。

同时，系统应该支持不同用户之间的交叉访问，实现不同行业用户的按需访问；具备开放性和扩展性，可引入产业链内的不同厂家，共同丰富业务应用、促进业务发展；通过统一的运维支撑平台，可提高运维效率、降低运维成本。整个系统具备电信级可靠性和安全，可承载用户不断增长的业务需求。

视频监控主要有三种技术：模拟视频监控技术、数字视频监控技术和网络视频监控技术。

在模拟视频监控系统中，图像的传输、交换以及存储均基于模拟信号处理技术。模拟视频监控在图像还原效果方面具有一定优势，但是传输距离有限、工程布线复杂、信号易受干扰、应用不灵活、无法集中管理等缺陷限制其只适合于提供末端接入。

数字视频监控引入了先进的数字信号处理技术，利用 MPEG-4、H.264 等高效视频编码技术，监控图像能够以较低的带宽占用实现在各类现有数字传输网上的远距离传输。但是其体现的主要是信号处理技术上的变革，不涉及体系结构。这导致目前的数字视频监控系统在组网方式上千差万别，且无法互通。

网络视频监控以数字信号处理为基础，通过参考并借鉴先进、成熟的通信网体系架构，采用网络化的方式实现信号的传输、交换、控制、录像存储以及点播回放，并通过设立强大的中心业务平台，实现对系统内所有编解码设备及录像存储设备的统一管理与集中控制。网络视频监控体现的不仅仅是技术的革新，更重要的是架构的革新。

随着技术的发展以及市场需求进一步推广，视频监控市场正快速发展，传统的模拟监控市场逐步萎缩，而数字监控逐步成为主流，网络监控稳步增长。网络视频监控的出现弥补了模拟和数字视频监控的不足，利用 TCP/IP 网络，实现了远程监控和低成本扩展监控范围，使得视频监控可以向很多领域渗透。网络化将是视频监控市场重要的发展趋势。

伴随着 3G 移动网络技术的飞速发展，无线视频监控已进入飞速发展的时代。3G 的启动将促使安防监控从个人计算机的有线视频监控走向手机的无线视频监控，通过手机实现远程视频监控将成为网络视频监控的主流。无线视频监控将成为 3G 业务的"杀手级"应用。用户可通过 3G 手机对监控区域进行监控。同时，3G 监控前端具备专业的无线远程监控功能，当出现盗贼入侵、意外失火或是煤气泄漏等状况时，它会根据指令把报警信息或拍摄到的实时视频画面发送到用户手机上，让用户及时获悉并做出处理。同时，利用高带宽的 3G 网络作为承载，可以接入安防系统中的摄像头等设备，将视频、音频信息通过 3G 网络传送到控制平台，并由控制平台做进一步的分析和处理。

2. 智能交通系统

（1）智能交通 M2M 应用概述。在现代城市的发展过程中，交通问题越来越引起人们的关注。随着城市车辆的增加，人、车、路三者关系的协调，已成为交通管理部门面临的重要问题。城市道路的畅通，采用有效的控制措施，最大程度地提高道路的使用效率是城市道路交通控制的重要内容。

智能交通是指采用电子计算机技术、电子技术和现代通信技术，使车辆和道路智能化，以实现安全快速的道路交通环境，从而达到缓解道路交通拥堵、减少交通事故、节约交通能源、减轻驾驶疲劳的目的。

20 世纪 60 年代末，美国开始智能交通方面的研究，之后，欧洲、日本等也相继加入这一行列。经过 30 多年的发展，美国、欧洲、日本成为世界智能交通研究的三大基地。事实证明，智能交通可以大幅度提高交通网络的运行效率，是解决交通拥挤最经济有效的办法。它蕴涵着巨大的社会与经济效益，是目前世界各国交通领域竞相研究和开发的热点。

（2）智能交通 M2M 应用方案。一个典型的智能交通系统由 GPS/GLONASS 卫星定位系统、移动车载终端、无线网络和 ITS 控制中心组成。

车载终端由控制器模块、GPS 模块、无线模块及视频图像处理设备等组成，控制器模块通过 RS232 接口与 GPS 模块、无线模块、视频图像处理设备相连。

车载终端通过 GPS 模块接收导航卫星网络的测距信息，将车辆的经度、纬度、速度、时间等信息传给微控制器；通过视频图像设备采集车辆状态信息。

微控制器通过 GPS 模块与监控中心进行双向的信息交互，完成相应的功能。一个完整的智能交通系统可以具体分为如下部分。①数据采集部分——负责采集位置及视频数据。②传输部分——传输数据的通道。③ITS 管理平台。

3. 全 IP 融合与 IPv6 以及 IPv9 的关系

IP 规定了计算机在互联网上进行通信时应当遵守的规则，计算机系统只要遵守 IP 就可以与互联网互联互通，正因为有了 IP，互联网才得以迅速发展成世界上最大的、开放的计算机通信网络。网络大融合已成为当今世界电信发展的一大主题，无论是固定网还是移动网，核心网还是接入网都在朝这个大方向发展，而 IP 技术是其中采用的首选技术。全 IP 网络是一种非常有前景的物联网接入方案，通过全 IP 无缝集成物联网和其他各种接入方式，诸如宽带、移动互联网和现有的无线系统，将其都集成到 IP 层中，从而通过一种网络基础设施提供所有通信服务，这样将带来诸多好处，如节省网络成本，增强网络的可扩展性和灵活性，提高网络运作效率，创造新的收入机会等。

目前，全 IP 过渡问题的研究正在进行中，通信设备制造商、运营商都卷入到了这股热潮之中，它已成为下一阶段通信技术发展的主要研究方向之一。全 IP 网络架构的物联网集智能传感网、智能控制网、智能安全网的特性于一体，真正做到将识别、定位、跟踪、监控、管理等智能化融合，从而也更易于将所有需实现远程互操作的人和物直接连到现有网络诸如国际互联网上，从而从中找到商业模式，引发新的经济生长点。

随着全球经济和信息化浪潮的持续发展，下一步，世界上所有的人，以及万物都可能融入这个网络化的世界中，形成更为广阔的数字化海洋。可以预见的是，未来网络化的技术如果仍然是 IP，那么下一代网络所容纳的巨大节点数量，将远远超越现有 IPv4 地址空间容量，因此，这个网络化的世界的引擎将要升级到下一代互联网技术——以 IPv6 地址为基础标识的 IP 网络技术。在 IPv6 巨大容量的包容下，世界上人人都可拥有全球唯一的地址，实现更为公平的普遍通信服务，使得家庭、城市以及地球上的万物将可以逐步数字化和 IP 化，融入这个新的网络中来，城市以及人类生活将变得高度智能化。

与之相应，物联网作为物物相连的互联网，真要把物和物连接起来，除了需要这样那样的传感器，还要给它们每个都贴上一个标签，也就是每个物品都有个自己的 IP 地址，这样用户才可以通过网络访问物体。但是目前的 IPv4 受制于资源空间耗竭，已经无法提供更多的 IP 地址，而 IPv6 可以让人们拥有几乎无限大的地址空间，这使得全世界的人使用的手机、家电、汽车甚至鞋子等上网都成为可能，这样就能构筑一个人人有 IP、物物都联网的物联网世界。因此，IPv6 技术是物联网底层技术条件的基础，没有 IPv6 物联网就无从谈起。

对于物联网而言，无论是远程通信，还是近距离通信，为了满足 IP 地址需求量的空前提升，都必须尽快过渡到 IPv6。物联网的远程通信需求，将推动现有移动或者固定网络向 IPv6 的商用化演进。物联网应用，主要以公众无线网络为载体，大多使用 2G、3G 网络来实现远程通信，同时也有部分应用采用了固定光纤接入方式，根据不同的应用场景选择不同的接入方式。而现有的 2G、3G 网络，分组域核心网设备 GGSN/PDSN 均需要尽快升级支持给终端分配 IPv6 地址，同时分组域核心网设备与骨干承载网络之间需要尽快实现 IPv6 组网和路由。对于固定接入方式而言，接入路由器和骨干及城域承载网络也需要尽快完成向 IPv6 的升级，以满足快速业务接入的要求。

在近距离通信领域，主流技术也开始支持 IPv6。常用的近距离无线通信技术有 IEEE 802.11b、IEEE 802.15.4（ZigBee）、蓝牙、UWB、射频识别、IrDA 等。其中，ZigBee 作为一种近距离、低复杂度、低功耗、低数据传输速率、低成本的双向无线通信技术，完整的协议栈只有 32 KB，可以嵌入各种设备，同时支持地理定位功能，因而成为构建近距离无线传感网的主流技术。当前，ZigBee 已在其智能电网的最新标准规范中加入了对 IPv6 协议的支持。

精简 IPv6 适配于物联网是当前面临的主要问题，作为下一代网络协议，IPv6 凭借着丰富的地址资源以及支持动态路由机制等优势，能够满足物联网对通信网络在地址、网络自组织以及扩展性等诸多方面的要求。然而，在物联网中应用 IPv6，并不能简单地"拿来就用"，而是需要进行一次适配。

IPv6 不能够直接应用到传感器设备中，而是需要对 IPv6 协议栈和路由机制进行相应的精简，以满足对网络低功耗、低存储容量和低传送速率的要求。由于 IPv6 协议栈过于庞大复杂，并不匹配物联网中互联对象，尤其是智能小物体的特点，因此虽然 IPv6 可为每一个传感器分配一个独立的 IP 地址，但传感器网需要和外网之间进行一次转换，起到 IP 地址压缩和简化翻译的功能。

目前，相关标准化组织已开始积极推动精简 IPv6 协议栈的工作。例如，国际互联网工程任务组已成立了 6LoWPAN 和 RoLL 两个工作组进行相关技术标准的研究工作。相比较传统方式，能支持更大的节点组网，但对传感器节点功耗、存储、处理器能力要求更高，因而成本要更高。另外，目前基于 IEEE 802.15.4 的网络射频芯片还有待进一步开发来支持精简 IPv6 协议栈。

总体上，物联网应用 IPv6 可按照"三步走"策略来实施。首先，承载网支持 IPv6；其次，智能终端、网关逐步应用 IPv6；最后，智能小物体（传感器节点）逐步应用 IPv6。目前，一些网络设备商的产品，包括骨干和接入路由器、移动网络分组域设备等，已经可以完全满足第一和第二阶段商用部署的要求，同时他们在积极跟踪第三阶段智能小物体应用 IPv6 的要求，包括技术标准和商用产品两大领域。我们有理由相信，在 IPv6 的积极适配与广泛应用下，物联网产业有望实现真正的大繁荣。

IPv6 协议的引入使得大量、多样化的终端更容易接入 IP 网，并在安全性和终端移动性方面都有了很大的增强。基于 IPv6 的物联网，可以在 IP 层上对数据包进行高强度的安全处理，使用 AH 报头、ESP 报头来保护 IP 通信安全，其安全机制更加完善；同时，终端移动性也更有利于监测物品的实时位置。从而，IPv6 将促进物联网向着更便捷、更安全的方向发展，IPv6 技术使大量、多样化的终端更容易接入 IP 网，并在安全性和终端移动性方面都有了很大的增强，其应用必将促进物联网向着更便捷、更安全的方向发展。

IPv6 虽然号称"能给世界上的每粒沙子分配地址"，但地址资源掌握在他国手中，我国实际能分得的地址数量尚未可知。事实上，IPv4 虽然可以为网络分配约 42 亿个 IP 地址，但美国占据了地址总量的 74%，而我国分到使用权的地址数不到美国公开地址的 10%。

目前尚有另一种 IP 演进策略即 IPv9，IPv9 协议是指以 0 ~ 9 阿拉伯数字网络做虚拟 IP 地址，并将十进制作为文本的表示方法，即一种便于找到网上用户的使用方法；为提高效率和方便终端用户，其中有一部分地址可直接作为域名使用；同时，由于采用了将原有计算机网、有线广播电视网和电信网的业务进行分类编码，因此，又称"新一代安全可靠信息综合网协议"。IPv4 和 IPv6 都采用十六进制技术，而 IPv9 采用十进制技术，能分配的地址量是 IPv6 的 8 倍。IPv9 协议的主要特点如下。

（1）采用了定长不定位的方法，可以减少网络开销，就像电话一样可以不定长使用。

（2）采用特定的加密机制。加密算法控制权掌握在我国，因此网络特别安全。

（3）采用了绝对码类和长流码的 TCP/ID/IP，解决了声音和图像在分组交换电路传输中的矛盾。

（4）可以直接将 IP 地址当成域名使用，特别适合 E164，用于手机和家庭上网。

（5）有紧急类别可以解决在战争和国家紧急情况下的线路畅通。

（6）由于实现点对点线路，因此对用户的隐私权加强了。

（7）特别适合无线网络传输。

虽然 IPv9 设计一种具有全新报头结构的互联网通信协议，但当前问题在于这种全新协议不能与现有网络兼容，IPv9 迟迟不能大量部署，耗资巨大，很大一部分原因也在于此。

三、无线机器通信协议

无线机器通信协议（WMMP）是为实现 M2M 业务中 M2M 终端与 M2M 平台之间、M2M 终端之间、M2M 平台与 M2M 应用平台之间的数据通信过程而设计的应用层协议，主要是为了实现推进机器通信协议统一、降低运营成本的目的。

WMMP 由 M2M 平台与 M2M 终端接口协议（WMMP-T）和 M2M 平台与 M2M 应用接口协议（WMMP-A）两部分协议组成。WMMP-T 完成 M2M 平台与 M2M 终端之间的数据通信，以及 M2M 终端之间借助 M2M 平台转发、路由所实现的端到端数据通信。WMMP-A 完成 M2M 平台与 M2M 应用之间的数据通信，以及 M2M 终端与 M2M 应用之间借助 M2M 平台转发、路由所实现的端到端数据通信。

WMMP 的功能架构。WMMP 的核心是其可扩展的协议栈及报文结构，而在其外层是由 WMMP 核心衍生的与通信机制无关的接入方式和安全机制。在此基础之上，由内向外依次为 WMMP 的 M2M 终端管理功能和 WMMP 的 M2M 应用扩展功能。

WMMP 的终端管理功能包括异常警告、软件升级、连接检查、登录控制、参数配置、数据传输、状态查询、远程控制。WMMP 应用扩展功能包括智能家居、企业安防、交通物流、金融商业、环境监测、公共管理、制造加工、电力能源等行业应用。WMMP 对用户的价值体现如下。

（1）满足无人值守机器终端的基本管理需求，提供电信级的终端管理能力。

（2）通过扩展协议的方式满足行业用户差异化的需求，提供 Web 服务接口，降低应用开发难度。

（3）提供了端到端通信的服务保障能力，有效提高业务质量。

（4）提供了业务快速开发和规模运营的基础，降低了用户业务使用成本。

M2M 平台与应用系统接口协议是 WMMP 的一部分，它对 M2M 平台与终端的接口规范进行了封装，对应用系统提供了对 M2M 终端进行监控管理的能力。同时，通过本协议，M2M 终端与 M2M 应用之间可以通过 M2M 平台传递业务流程，实现定制化的 M2M 应用。

（一）协议基本内容

双方的消息交互采用简单对象访问协议（Simple Object Access Protocol，SOAP）接口。这是一个可以运行在任何传输协议上的轻量级协议，包含三个方面：XML-envelop 为描述信息内容和如何处理内容定义了框架；将程序对象编码成 XML 对象的规则；执行远程调用（Remote Procedure Call，RPC）的约定。

（二）协议接口描述方式

本协议支持两种连接方式：基于 HTTP 的标准 Web 服务方式。应用系统和 NKM 平台采用 Web 服务描述语言（Web Services Description Language，WSDL）来对接口进行描述。Web 服务描述语言是用来定义 Web 服务的属性以及如何调用它的一种 XML。一个完整的 Web 服务描述是由一个服务接口和一个服务实现文档组成的。通过查阅 Web 服务的 Web 服务描述语言文档，开发者可以知道 Web 提供了哪些方法和如何用正确的参数调用它们。因为 Web 服务描述语言包含了对服务接口的完整描述，所以我们可以使用它来创建能简化服务访问的存根，该存根为一段 Java 代码（假设使用 Java），它自动生成了访问 Web 服务的类。如果我们需要访问 Web 服务，只需调用该类中对应的方法即可，而不用在客户端程序中再写入配置信息。要求通信双方作为 Web 服务服务端时，应实现 HTTP 会话的超时机制。即一定时间内，如果客户端没有新的 HTTP 请求，则服务端主动断开连接。会话维持的时间要求可配置。

（三）协议数据消息格式

所有的协议数据单元（PDU）由如下的消息头和消息体组成。MessageHeader：消息头。MessageBODY：消息体。MessageHASH：消息摘要，计算方法为 MD5[消息头 +3DES（消息体）+ 用户名 + 密码]。

（四）消息的安全性构建

（1）数据安全。本规范采用 3DES 算法对数据进行加密。M2M 平台与应用之间的交互消息均要求携带摘要字段，算法如下：MD5[消息头 +3DES（消息体）+ 用户名 + 密码]。

其中用户名和密码由 M2M 平台为应用分配，应用发往 M2M 平台的消息以及 M2M 平台发往应用的消息，均要求用上述算法计算摘要。

应用系统和 M2M 平台的交互包含两种密钥：

第一，基础密钥。不同的 M2M 应用系统由 M2M 平台分配不同的基础密钥；M2M 平台负责统一分配和保存所有的 M2M 应用系统密钥。M2M 应用系统的密钥通过 Email 的方式由 M2M 平台发送给各 M2M 应用系统。

第二，会话密钥。应用系统与 M2M 平台的每次会话均由 M2M 平台分配会话密钥，一次会话只允许持续一定的时间，如果超出该时间，则应用系统必须重新登录，分配新的会话密钥。否则 M2M 平台将拒绝应用系统的消息。

基础密钥用于应用向平台登录启动新会话时加密消息体，以及 M2M 平台返回会话密钥时用于加密消息体。应用系统需要先在 M2M 平台登录，登录消息包含 M2M 平台分配的用户名和密码，并用基础密钥加密（3DES 算法）。M2M 平台为本次会话分配会话密钥，并用基础密钥加密后返回给应用系统。然后在会话中，双方用会话密钥加密和解密消息体。

平台进行登录，由 M2M 平台分配并返回会话密钥。在后续的消息交互的数据包中，双方通过会话密钥加密消息体。

（2）网络安全。M2M 平台接口采用如下的手段保证和 M2M 应用系统之间通信的网络安全。①M2M 应用系统接入 M2M 平台时需提供其业务系统出访 IP 和 URL（根据其业务特性确定）。②M2M 平台为 M2M 应用系统的每一个业务分配一个全局唯一的业务 ID。③M2M 平台侧防火墙配置安全策略，只有有效的 IP 和业务 ID 才能够访问 M2M 平台。④M2M 应用系统端配置相应策略，以拒绝非 M2M 平台的接口调用。⑤建议 M2M 应用系统和 M2M 平台之间采用 VPN 通道。

第三节　物联网承载网技术

物联网的到来，其大规模信息交互与无线传输为主的特点，使物联网成为各种资源需求的大户。数据传输需要网络，现今我们已经拥有完备的通信网络设施，在物联网时代我们可以借助通信网的现有设施，再针对物联网的特性加以一定的优化和改造就可以为物联网所用。所以，如何将现在存在的各种网络与物联网结合是一个十分重要的问题。

由于物联网和通信网有着很显著的差别，所以物联网的承载如何与通信网结合是一个需要重点考虑的问题。物联网发展对目前通信网形成新的挑战。

首先，物联网的业务规模是移动通信业无法比拟的。据美国研究机构弗雷斯特预测，到 2020 年物物互联业务与现有人与人的通信互联比例将达 30:1，即可能从 60 亿人口扩展 500 亿乃至上万亿的机器和物体。因此，当物联网正式实现，有超过 500 亿以上的终端需要通过无线方式连接在一起，其对各种网络资源的需求，尤其是对网络容量和带宽的需求将大大超越通信网已有的设计与承载能力。

有专家分析，物联网的应用目前一般是小流量的 M2M 应用。例如，路灯管理、水质监测等，所需要传输的数据量很小，原有的 2G/3G 网络就可以实现对这些数据量的支撑；还有人认为，目前物联网涉及的控制、计费、支付，实际上都不会占用大量带宽，有充足的资源支撑建设物联网。但是，应该看到，随着物联网的发展，在不远的将来，物联网将会出现有大量占用高带宽的应用。以物联网的视频应用为例，视频感知是物联网的一个典型应用。就目前而言，就已经存在了不少这样的例子。如远程专家诊断、远程医疗培训已经成为智慧医疗应用的一个必然组成部分；在智能电网中，输电线路远程视频监控系统、电网抢修视频采集和调度指挥；在智慧城市中，几乎所有的城市都可以看到城市视频安全监管等。例如，平安城市中公共交通等以视频图像为主的监控业务。而物联网的信息传输中，视频传输要求是最高的，也是占用频谱最多的业务。以北京的公交系统视频监控业务为例，目前北京市有 3 万多辆公交车，如果每辆公交车上布设 4 个摄像头，则 3 万辆公交车的数据总量预计将达到约 80 Gbit/s，而且对图像的连续性和实时性有较高要求。未来将会有更多的大数据量和高带宽要求的业务涌现。所以其传输的带宽需求绝不是目前的通信网可以轻松承载的。

其次，移动蜂窝网络着重考虑用户数量，而物联网数据流量具有突发特性，可能会造成大量用户堆积在热点区域，引发网络拥塞或者是资源分配不平衡的问题。这些都会造成物联网的需求方式和规划方式有别于已有通信网通信。

目前，通信网络是针对人与人通信设计的，它对不同用户申请的语音业务可以进行设置，从而进行控制并保障其质量；而物联网业务主要是数据业务，物联网业务在网络传输中只有有权和无权之分。而对于有权用户，其用户等级是相同的，网络只对信息进行尽力而为的处理。因此，网络不能针对物联网业务特性进行有效的识别和控制，而且当大量物联网终端接入后，网络的效率也将大幅降低。因此，物联网的发展必然造成对通信网的巨大压力和挑战。

一、物联网承载网发展历程

利用通信网络进行物联网信息承载时，根据物联网的特性，可分为三个不同的阶段。混同承载阶段：在物联网发展初期，业务量不是特别大的情况下，由于现有网络不能区分人与人的通信、物与物的通信，直接采用现有网络承载物联网业务，不需要对网络做大的改动，主要通过终端侧的配置以及对终端的管理，缓解网络的压力。区别承载阶段：当物联网发展到一定阶段，物联网应用规模的增加对网络资源（如号码资源、传输资源）造成较大压力，这时需要对网络进行部分改造，使得网络侧能够区别物与物的通信还是人与人的通信，并且针对不同情况采取不同策略，缓解网络压力，保障业务质量。独立承载阶段：在物联网业务规模化后，物联网大量的数据信息传输将成为一个重点考虑的因素。如果完全按照之前的传输模式在现有的传输系统中传输将产生与其他通信相互干扰的问题。此时应该考虑物联网独有的特性，对网络做出必要的改变，使得网络能够适应物联网信息的传输。

二、物联网处于混同承载阶段

当前正处于物联网发展初期，业务量不是特别大的情况下，直接采用现有网络承载物联网业务，不需要对网络做大的改动。在混同承载阶段，互联网和物联网的共同点是技术基础是相同的，不管是互联网还是物联网最后都会基于一个分组数据。但是两者的承载网和业务网是分离的。由于互联网和物联网对于网络的要求不同，而且各自的网络组织形态和功能要求也不一样，物联网系统需要很高的实时性、安全可信性、资源保证性等，这些和互联网有很大的差别。

（一）物联网业务对承载网的要求

我们可以了解到，各种不同的物联网业务对服务质量要求也不相同。而不同的承载网络所能够提供的业务能力也是各不相同的，我们可以针对不同类型的业务选择不同的网络进行承载。

目前，增强型数据速率 GSM 演进（Enhanced Data Rate for GSM Evolution，EDGE）技术网络覆盖率较高，可以作为目前的物联网承载网络。

WLAN 的特点是传输速率较高，但它的覆盖面不广，移动性也不好，所以适用范围相对较窄。

（二）G+WLAN 是承载物联网的优选模式

WLAN 要承担起物联网传输与承载的重任必然面临许多新的挑战。

WLAN 要实现技术创新。一方面，WLAN 要向更高传输速率演进，IEEE802.lln 的 320 Mbit/s 传输速率是必需的要求，业界甚至提出在 60 GHz 频段实现 7 Gbit/s 的传输速率的设想。另一方面，实现 WLAN 技术的升级，在天线技术、服务质量保障技术、多点传播软件技术以及无线信号收发技术方面不断改进，进一步提高可靠性和传输质量。

对 WLAN 的第二个挑战是频谱资源的紧缺。按照预测，我国到 2020 年，在设定的小区内 150 人同时使用 WLAN，其传输速率为 200 Kbit/s，每用户忙时呼叫次数为 0.15，每户平均呼叫时长为 3000 s 的情况下，上下行共需 2 516 MHz 频率。而 WLAN 用于物联网，在一个小区内的物品或设备数量可能远远多于 150 个，而且在承载某些视频业务时其实时在线的比例更高，频谱需求也将超过 2 516 MHz，成为名副其实的用频"大户"。而我国至今在非授权的 2.4 GHz 和 5.8 GHz 频段为 WLAN 分配了 208.5 MHz 频率，与到 2020 年 WLAN 人与人通信所需频率尚存巨大缺口，如果加上物联网的频谱需求，其频率缺口更大。

对 WLAN 的挑战之三是安全隐患。由于 WLAN 使用非授权频谱，特别是目前的 2.4 GHz 频段，集中了大量无线电业务，WLAN 要与点对点或点对多点扩频微波系统、蓝牙、射频识别、无绳电话，甚至微波炉共享频谱，而没有频率保护的规定。试验证明，无绳电话、蓝牙设备，特别是微波炉对 WLAN 的干扰最大，常使 WLAN 数据传输出现丢码、错码，不但传输速率下降，严重时甚至中断几秒及数分钟，当然服务质量保证也无从谈起。

如果单纯以 3G 广域网实现局域物联网的承载与传输，将对 3G 传输网的带宽和控制形成较大压力；而凭借 WLAN 在局域范围内实现对异构传感网数据的汇聚、处理与传输，将发挥 WLAN 传输速率高、组网结构简单、建设方便快捷等特点，会使物联网用户获得高速、方便与丰富的使用体验。在广域感知阶段，会产生一些基于无线传感器网络技术的公共节点，这些公共节点作为物联网基础设施的基本组成部分，必然要实现广域管理，这时 3G/4G 将发挥其广域网的统一协议、寻址、鉴权、认证等优势。但是，要实现无线传感器网络公共节点，WLAN 是不可或缺的环节。

3G+WLAN 的出现是为 3G 人与人的通信而设计和存在的，但其特有的组网模式却可在物联网的承载与传输中大显优势。在 WLAN 技术演进和逐步解决频谱需求的过程中，物联网无疑为 3G+WLAN 的发展增添了新动力。

（三）TD-SCDMA 成为物联网发展加速器

物联网业务以上行流量为主，而目前中国移动增强型数据速率 GSM 演进技术最大上行带宽仅为 60 Kbit/s，限制了视频传输高频数据采集类的大带宽应用。TD-SCDMA 是我国具有自主知识产权的第三代移动通信技术，第三代移动通信无法延续 2G 以语音为业务核心的发展模式，其业务重点将转向数据业务和互联网业务。TD-SCDMA 上行传输速率达到 128 Kbit/s，TD-SCDMA 作为物联网承载平台，有很大的发展空间。它可以为我们的农业、共有监控、公共安全、城市管理、远程医疗、智能家具、智能交通、环境检测等方面服务。

在煤炭行业的应用包括瓦斯的传感器、通风的传感器、电力监控的传感器，通过 TD 的网络和地下的工业网络，提供综合管理平台，为地层的勘测、煤炭行业的安全方面，包括提高工业效率方面提供全面的解决方案。传感器在煤炭方面的应用，在中国物联网应用中处于领先的地位，目前超过 50 种类型，超过 1 000 个应用规模。

服务于智能城市的解决方案，包括电子商务、购物导引、智能监控、信息采集等，通过传感器和 TD 网络，后台的管理系统，形成一体化的解决方案。

TD 推动物联网发展，不仅体现在提高生产效率方面，也体现在提高人民的生活水平上。我国在推动物联网的过程中，更应该重视自己国家的核心技术，更应该重视标准化工作。在今后如果可以推动 TD 技术和物联网在重点行业和领域的广泛应用，包括能源、交通、智慧城市、民生服务等重点行业和领域，就会与供应商、制造商形成共赢的局面。

三、物联网未来进入区别承载阶段

当物联网发展到一定阶段，物联网应用规模的增加对网络资源（如号码资源、传输资源）造成较大压力，这时需要对网络进行部分改造，物联网承载网进入区别承载阶段。长期演进（Long Term Evolution，LTE）网络是可以提供高达百兆 bit/s 以上的带宽，支持更多的用户，传输速率目前可以与家庭的宽带相媲美。长期演进同时作为新一代的无线宽带业务和现在的 3G 相比，在网络优势和成本上有很大的优势。所以在区别承载阶段，长期演进、LTE-A、光通信等网络通过部分改造，可以承载物联网不同类型的业务，并可以全面兼容其他业务，给用户提供更多的选择。

（一）长期演进与物联网的关系

1. 长期演进的含义

长期演进是为适应时代需求而提出的新的移动宽带接入标准，为此 3GPP 规定了长期演进系统的各项技术指标并引入了多项核心新技术。长期演进项目是 3GPP 对通用移动通信系统（UMTS）技术的长期演进，始于 2004 年 3GPP 的多伦多会议。

长期演进并非人们普遍误解的 4G 技术，而是 3G 与 4G 技术之间的一个过渡，是 3.9G 的全球标准，与 3G 相比，长期演进具有如下技术特征。

（1）通信速率有了提高，下行峰值传输速率为 100 Mbit/s、上行峰值传输速率为 50 Mbit/s。

（2）频谱效率提高了：下行链路 5（bit/s）/Hz，（3 ~ 4 倍于 R6 版本的 HSDPA）；上行链路 2.5（bit/s）/Hz。

（3）以分组域业务为主要目标，系统在整体架构上将基于分组交换。

（4）服务质量保证：通过系统设计和严格的服务质量机制，保证实时业务（如 VoIP）的服务质量。

（5）系统部署灵活，能够支持 1.25 ~ 20 MHz 的多种系统带宽，并支持 "paired" 和 "im-paired" 的频谱分配，保证了将来在系统部署上的灵活性。

（6）降低了无线网络时延。

（7）增加了小区边界传输速率，在保持目前基站位置不变的情况下增加小区边界传输速率。

（8）强调向下兼容，支持已有的 3G 系统和非 3GPP 规范系统的协同运作。

长期演进技术也分为 TDD-LTE 和 FDD-LTE 两种。长期演进系统引入的核心新技术总结如下。

（1）OFDM/OFDMALTE 中的传输技术采用 OFDM 技术，其原理是将高速数据流通过串/并变换，分配到传输速率较低的若干个相互正交的子信道中进行并行传输。由于每个子信道中的符号周期会相对增加，因此可以减小由无线信道的多径时延扩展产生的时间弥散性对系统造成的影响。

长期演进规定了下行采用 OFDMA，上行采用 SC-FDMA 的多址方案，这保证了使用不同频谱资源用户间的正交性。长期演进系统对 OFDM 子载波的调度方式也更加灵活，具有集中式和分布式两种，并灵活地在这两种方式间相互转化。上行除了采用这种调度机制之外，还可以采用竞争（Contention）机制。

（2）多输入多输出（Multiple Input Multiple Outpat，MIMO）。多输入多输出技术是提高系统传输速率的主要手段，长期演进系统分别支持适应于宏小区、微小区、热点等各种环境的多输入多输出技术。基本的多输入多输出模型是下行 2×2、上行 1×2 天线阵列，长期演进发展后期会支持 4×4 的天线配置。目前，下行多输入多输出模式包括波束成形、发射分集和空间复用，这三种模式适用于不同的信噪比条件并可以相互转化。波束成形和发射分集适用于信噪比条件不高的场景中，用于小区边缘用户，有利于提高小区的覆盖范围；空间复用模式适用于信噪比较高的场景中，用于提高用户的峰值传输速率。在空间复用模式中同时发射的码流数量最大可达 4；空间复用模式还包括 SU-MIMO（单用户）和 MU-MIMO（多用户），两种模式之间的切换由 eNodeB 决定。上行 MIMO 模式中根据是否需要 eNodeB 的反馈信息分别设置开环或闭环的传输模式。

（3）增强型广播组播业务（Enhanced Multimedia Broadcast/Multicast Service，EMBMS）。3GPP 提出的广播组播业务不仅实现了网络资源的共享，还提高了空中接口资源的利用率。长期演进系统的增强型广播组播业务不仅实现了纯文本低传输速率的消息类组播和广播，更重要的是实现了高速多媒体业务的组播和广播。为此，对 UTRA 做出了相应的改动：增加了广播组播业务中心网元（BM-SC），主要负责建立、控制核心网中的广播组播的传输承载，广播组播传输的调度和传送，向终端设备提供业务通知；定义了相关逻辑信道用于支持增强型广播组播。

从业务模式上，广播组播定义了两种模式，即广播模式和组播模式。这两种模式在业务需求上不同，导致其业务建立的流程也不同。

2. 物联网与长期演进技术的结合

现在移动通信网是覆盖面积最广阔的通信网，如果能够实现物联网和移动通信网的融合，那么物与物之间的通信将成为现实。如果给每一个物都贴上一个标签，还有遍布各地的读写器，物与物之间通信的容量将非常大，现有的 GSM 和 3G 通信技术都不足以提供这么大的通信容量，采用频谱效率非常高的长期演进技术是解决这个问题的一个方案。

长期演进技术可以在 20 MHz 频谱带宽上提供下行 100 Mbit/s、上行 50 Mbit/s 的峰值传输速率，具有非常高的频谱效率。在组网方面，以长期演进为代表的 4G 能够真正实现无线接入技术（包括局域网、无线局域网、家用局域网和自组织网络等），移动网络和有线宽带技术的融合，使得长期演进系统能够真正提供无所不在的服务。

未来物联网通信主体的数量将是人的数量的百倍以上，目前的 IPv4 地址濒临耗尽，而 IPv6 在地址空间上大大增加，可以满足物联网应用对 IP 地址日益增长的需求。IPv4 实现的只是人机对话，而 IPv6 则扩展到任意事物之间的对话，它不仅可以为人类服务，还将服务于众多硬件设备，如家用电器、传感器、远程照相机和汽车等。IPv6 为物联网的应用提供了充足的地址资源，而长期演进系统又支持 IPv6 协议，可以允许容纳足够多的终端。

3. 物联网体系采用长期演进技术

物联网技术采用以长期演进为代表的 4G 移动通信技术作为承载网是未

来的发展趋势。基于长期演进技术的物联网体系结构主要包括三个部分：国家传感信息中心、长期演进核心传输网和综合接入网。

国家传感信息中心，也叫"感知中国"中心，包括 ONS 服务器、EPC-IS 服务器和内部中间件。由于标签中只存储了产品的电子编码，计算机需要一些将产品电子编码匹配到相应产品信息的方法。ONS 服务器就是一个物联网的名称解析服务器，被用来定位物联网对应的 EPC-IS 服务器。EPC-IS 服务器就是一种物联网信息发布服务器，提供了一个模块化、可扩展的数据和服务接口，使得相关数据可以在企业内部和企业之间共享。EPC-IS 服务器主要包括客户端模块、数据存储模块和数据查询模块三个部分。内部的中间件负责提供一个服务器与长期演进核心网的接口，收集产品电子编码数据，还可以集成防火墙的功能。大型企业也可以建立自己的 EPC-IS 服务器。

长期演进核心传输网主要负责数据的可靠传输，其与原有的物联网架构中的互联网作用类似，主要包括基站和移动管理实体两部分。移动管理实体中的网关设备适合将多种接入手段整合起来，统一接入电信网络的关键设备，网关可满足局部区域短距离通信的接入需求，实现与公共网络的连接，同时完成转发控制信令交换和编解码等功能，而终端管理安全认证等功能保证了物联网业务的质量和安全。

综合接入网部分支持不同的终端接入。长期演进收发信机只提供收信息和发信息的功能，应用模式和物联网产品电子编码系统工作相同。综合接入网可以把无线传感器网络直接通过具有读写器、中间件功能的智能站接入长期演进系统，此智能站可以收集所辖范围内的标签数据和传感器数据。也可以把读写器、中间件直接集成到长期演进手机里。现在手机已经非常普及，如果手机都具有读写器功能，则可以大大增加收集标签的地域范围；还可以通过手机、笔记本电脑等各种终端进行查询和更新 EPC-IS 服务器产品信息。

目前的物联网和长期演进技术升级版系统尚处于初级阶段，在成本标准和规模化方面还有待完善。长期演进技术升级版可以成为物联网背后的有力技术支撑，更高速的网络带宽使得所有局部细小的传感器网络能够有机联系在一起，其传输的数据有文本语音及视频等多种形式的选择，长期演进网络的建成让互联网从技术角度不再受限，可以根据各行业间的不同要求孵化出适合的行业终端和应用。移动通信网与物联网的结合，将极大地延伸传统通信业的领域，使人与人的通信延伸到物与物的通信、人与物的通信。

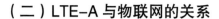

（二）LTE-A 与物联网的关系

1. LTE-A 的含义

长期演进技术升级版（LTE-Advanced，LTE-A），是长期演进技术的后续演进。长期演进俗称 3.9G，这说明长期演进的技术指标已经与 4G 非常接近了。长期演进与 4G 相比较，除最大带宽、上行峰值传输速率两个指标略低于 4G 要求外，其他技术指标都已经达到了 4G 标准的要求。而将长期演进正式带入 4G 的 LTE-A 的技术整体设计则远超过了 4G 的最小需求。

为了满足 IMT-Advanced（4G）的各种需求指标，3GPP 针对 LTE-A 提出了几个关键技术，包括载波聚合、多点协作、接力传输、多天线增强等。

（1）载波聚合。LTE-A 支持连续载波聚合以及频带内和频带间的非连续载波聚合，最大聚合带宽可达 100 MHz。为了在 LTE-A 商用初期能有效利用载波，既保证长期演进终端能够接入 LTE-A 系统，每个载波应能够配置成与长期演进后向兼容的载波，然而也不排除设计仅被 LTE-A 系统使用的载波。

目前 3GPP 根据运营商的需求识别出了 12 种载波聚合的应用场景，其中 4 种作为近期重点分别涉及频分双工（Frequency Division Duplexing，FDD）和时分双工的连续和非连续载波聚合场景。在 LTE-A 的研究阶段，载波聚合的相关研究重点包括连续载波聚合的频谱利用率提升，上下行非对称的载波聚合场景的控制信道的设计等。

（2）多点协作。多点协作分为多点协调调度和多点联合处理两大类，分别适用于不同的应用场景，互相之间不能完全取代。多点协调调度的研究主要是集中在和多天线波束成形相结合的解决方案上。

在 3GPP 最近针对国际电信联盟的初步评估中，多点协作技术是唯一能在基站四天线配置条件下满足所有场景的需求指标的技术，并同时明显改进上行和下行的系统性能，因此多点协作的标准化进度成为 3GPP 提交的 4G 候选方案和面向国际电信联盟评估的重中之重。

（3）接力传输。未来移动通信系统在传统蜂窝网的基础上需要对城市热点地区容量优化，并且需要扩展地铁及农村的覆盖。

目前在 3GPP 的标准化工作集中在低功率可以部署在电线杆或者外墙上的带内回程的接力传输上，其体积小、质量轻，易于选址。一般来说，带内回程的接力传输相比传统的微波回程的接力传输性能要低，但带内回程不需要长期演进频谱之外的回程频段而进一步节省费用，因此两者各自有其市场需求和应用场景。

（4）多天线增强。鉴于日益珍贵的频率资源，多天线技术通过扩展空间的传输维度成倍地提高信道容量而被多种标准广泛采纳。

受限于发射天线高度对信道的影响，LTE-A 系统上行和下行多天线增强的重点有所区别。在长期演进系统的多种下行多天线模式基础上，LTE-A 要求支持的下行最高多天线配置规格为 8×8，同时多用户空间复用的增强被认为是标准化的重点。LTE-A 相对于长期演进系统的上行增强主要集中在如何利用终端的多个功率放大器，利用上行发射分集来增强覆盖、上行空间复用来提高上行峰值传输速率等。

（5）正交频分复用（Orthogonal Frequency Division Multiplexing，OFDM）技术，由多载波调制（Multi-Carrier Modulation，MCM）发展而来，正交频分复用技术是多载波传输方案的实现方式之一，它的调制和解调分别基于快速傅立叶反变换（IFFT）和快速傅立叶变换（FFT）来实现，是实现复杂度最低、应用最广的一种多载波传输方案，在传统的频分复用系统中，各载波上的信号频谱是没有重叠的，以便接收端利用传统的滤波器分离和提取不同载波上的信号。正交频分复用系统是将数据符号调制在传输速率相对较低的、相互之间具有正交性的多个并行子载波上进行传输。它允许子载波频谱部分重叠，接收端利用各子载波间的正交性恢复发送的数据。因此，正交频分复用系统具有更高的频谱利用率。同时，在正交频分复用符号之间插入循环前缀，可以消除由于多径效应而引起的符号间干扰，能避免在多径信道环境下因保护间隔的插入而影响子载波之间的正交性。这使得正交频分复用系统非常适用于多径无线信道环境。

正交频分复用的优点在于抗多径衰落的能力强，频谱效率高，正交频分复用将信道划分为若干子信道，而每个子信道内部都可以认为是平坦衰落的，可采用基于快速傅立叶反变换／快速傅立叶变换的正交频分复用快速实现方法，在频率选择性信道中，正交频分复用接收机的复杂度比带均衡器的单载波系统简单。与其他宽带接入技术不同，正交频分复用可运行在不连续的频带上，这将有利于多用户的分配和分集效果的应用等。但正交频分复用技术对频偏和相位噪声比较敏感，而且峰值平均功率比（Peakto Average Power Rate，PAPR）大。

（6）无线中继。长期演进系统容量要求很高，这样的容量需要较高的频段。为了满足下一代移动通信系统的高传输速率的要求，LTE-A 技术引入了无线中继技术。用户终端可以通过中间接入点中继接入网络来获得带宽服务，减小了无线链路的空间损耗，增大了信噪比，进而提高了边缘用户信道容量。无线中继技术包括 Repeaters 和 Relay。

Repeaters 是在接到母基站的射频信号后，在射频上直接转发，在终端和基站都是不可见的，而且并不关心目的终端是否在其覆盖范围，因此它的作用只是放大器而已。其作用仅限于增加覆盖，并不能提高容量。

Relay 技术是在原有站点的基础上，通过增加一些新的 Relay 站（或称中继节点、中继站），加大站点和天线的分布密度。这些新增 Relay 节点和原有基站（母基站）都通过无线连接，和传输网络之间没有有线的连接，下行数据先到达母基站，然后再传给 Relay 节点，Relay 节点再传输至终端用户，上行则反之。这种方法拉近了天线和终端用户的距离，可以改善终端的链路质量，从而提高系统的频谱效率和用户数据传输速率。

（7）自组织网络（Self-organiged Network，SON）。为了通过有效的运维成本（Operational Expenditure，OPEX）和长期演进网络参数与结构复杂化的压力，3GPP 借用自组织网络的概念，在 R8 提出一种新运维策略。该策略将 eNodeB 作为自组织网络节点，在其中添加自组织功能模块，完成蜂窝无线网络自配置（Self-configuration）、自优化（Self-optimization）和自操作（Self-operation）。作为长期演进的特性，自组织网络已经在 R8 引入需求，R9 完成自愈性、自优化能力的讨论。

长期演进自组织网络与传统 IP 互联网自组织的不同在于，长期演进要求自组织节点可以互联之外，还可以对网络进行自优化和自操作。

2. LTE-A 的演进历程

LTE-A 与 4G 进程相互协同。2008 年 3 月国际电信联盟无线通信部门发出通函，向各成员征集 4G 候选技术提案，正式启动了 4G 标准化工作。在 2009 年 7 月初结束的迪拜会议上，国际电信联盟确定了 4G 最小需求，包括小区频谱效率、峰值频谱效率、频谱带宽等 8 个技术指标，这将成为衡量一个候选技术是否能成为 4G 技术的关键指标。

而 3GPP 将以独立成员的身份向国际电信联盟提交面向 4G 技术的 LTE-A。从 2008 年 3 月开始，3GPP 就展开了面向 4G 的研究工作，并制定了详尽的时间表，与国际电信联盟的时间流程紧密契合。在国际电信联盟无线通信部门第 5 研究组国际移动通信工作组的时间表中有两个关键的时间点：2009 年 10 月国际移动通信工作组第 6 次会议结束 4G 候选技术方案的征集，2010 年 10 月国际移动通信工作组第 9 次会议确定 4G 技术框架和主要技术特性，确定 4G 技术方案。围绕这两个时间点，3GPP 对其工作进行了部署，已经于 2008 年 9 月向国际移动通信工作组提交了 LTE-A 的最初版本，并分别于 2009 年 5 月和 2009 年 9 月提交完整版与最终版。

2009 年 10 月 14 日至 21 日，国际电信联盟在德国德累斯顿举行 ITU-RWP5D

工作组第 6 次会议，LTE-A 入围，包含时分双工和频分双工两种制式。

国际电信联盟于 2011 年底前完成 4G 国际标准建议书编制工作，2012 年初正式批准发布 4G 国际标准建议书。

3. 物联网与 LTE-A 的结合

物联网需要自动控制信息、传感射频识别、无线通信及计算机技术等，物联网的研究将带动整个产业链的发展，LTE-A 作为最有潜力承载新一代无线通信各种需求和业务的系统，对 LTE-A 网络中设备间（Device To Device，D2D）通信的研究有着非常重要的作用。由于 LTE-A 系统是在分组交换域中运行的，它可以提供基于互联网连接性、主要会话发起协议（Session Initiation Protocol，SIP）和 IP 的 D2D 连接性。基于主要会话发起协议和 IP 的 D2D 连接性有利于给运营商提供 D2D 连接性控制，以及用一些升级软件功能来适合运营商的基础设施。D2D 通信使新业务有机会实现，而且减小短距离数据集中对等通信中 eNode 的负荷，比起 3G 扩频蜂窝和 OFDM 无线局域网，LTE-A 资源管理更快速，而且产生更高的时频分辨率。这可以允许使用没有分配的时频资源，或者由于受 eNode 控制功率受限而部分重复使用分配给 D2D 通信的资源。

为了达到在 LTE-A 网络结构基础上实现 D2D 通信增加的功能块的目的，移动管理实体（Mobility Management Entity，MME）提供了主要会话发起协议和 IP 的连接，移动管理实体与服务网关或公用数据网（Public Data Network，PDN）网关协商获取用户设备（User Equipment，UE）的 IP 地址。为了这个目的，移动管理实体提供主要会话发起协议和 IP 连接性，移动管理实体同服务网关、订阅信息、公用数据网络网关协商为用户设备获取 IP 地址。移动管理实体在 IP 地址、订阅信息和系统结构演进（System Architecture Evolution，SAE）网络认证之间扮演一个绑定者的角色。所有这些表明 D2D 会话初始请求（像主要会话发起协议邀请）应该发送到移动管理实体，然后移动管理实体可以发起一个 D2D 无线承载的建立和一个给 D2D 终端设备的 IP 地址传送。D2D 通信的 IP 地址可以同本地子网区域一起被创建，与本地断点的解决类似。在用户设备端 D2D 链路上像 IP 一样的连接性向高层协议栈（TCP/IP）和用户数据报协议提供无缝操作，而且它使蜂窝和 D2D 联网的移动过程变得容易。下面介绍要实现 D2D 操作需要的一些功能块。

（1）无线身份标识和承载建立。在通过无线网络身份（Temporary Mobile Subscriber Identity，TMSI）或 IP 地址找到 D2D 的终端用户设备后，移动管理实体将无线资源的本地控制授权给基站（eNode），基站也服务于 D2D 的蜂窝无线连接。因此，移动管理实体的额外复杂度会受限，D2D 链路本身可以根据 LTE-A 无线原则运转。eNode 可以通过使用小区无线网络临时标识符（Cell Radio Network Temporary Identifier，C-RNTI）作为用户设备在小区中唯一的身份来保持对用户设备的控制，从一对一的关系映射到 LTE-A 逻辑信道的蜂窝承载身份标识，可以同样被逻辑信道上具有 D2D 承载身份标识的新指示取代。逻辑信道身份识别作为和 LTE-A 蜂窝类似的信令单元，现在可以被分配用来服务一个蜂窝逻辑信道或一个 D2D 逻辑信道。

（2）用户面向 D2D 连接上的信息交换单元为 IP 包，重复使用 IP 数据报可以给像 TCP/IP 或用户数据报协议 /IP 的高层协议栈提供 IP 级的兼容性，而 TCP/IP 或用户数据报协议 /IP 显然可以用于蜂窝或者 D2D 通信。使用用户数据报协议（User Datagram Protocol，UDP）端口可以避免传输控制协议的 D2D 链路无线容量变化引起的主要问题，而链路无线容量变化是由于慢的起始和拥塞控制算法导致的。D2D 链路中内部相互连接网络路径上容量的传输控制协议探测不是必需的，链路容量在对等实体上直接可用。因为层 2 协议提供可靠传输，且 D2D 中传输控制协议重传在对等实体上有完整的重传信息，所以传输控制协议重传也不是必需的。

用户数据报协议提供分段和依次发送窗口等最重要的特性。用户数据报协议段接收窗口用作处理通过无线协议的快速重传及提供到应用的依次发送。如果用户数据报协议段的长度变化不足以调整来适应 D2D 无线容量的变化，就应该考虑用户数据报协议段的无线层分段，这个会增加无线协议开销和分段的复杂度。

（3）干扰管理。蜂窝环境中具有 D2D 链路的干扰管理是一个重要问题。因为来自 D2D 链路的干扰会降低蜂窝容量和效率。LTE-A 在 1 ms 子帧的短时隙 180 kHz 的物理资源块（Physical Resource Block，PRB）的灵活频率分配上进行调度。因此，D2D 链路可以找到短时隙和频率比例，在蜂窝网络中不引入有害干扰而实现通信，类似问题会在感知无线电中观察到。最早的蜂窝和 D2D 通信间干扰协调的方法是给 D2D 分配专用的物理资源块，这些资源是依据临时需求动态调整的 D2D 通信的专用资源，可能会导致可用资源使用效率降低；而当 D2D 链路重复使用分配给蜂窝链路相同物理资源块时，效率会提高。为了控制使用相同资源时 D2D 到蜂窝网络的干扰，我们建议 eNode 能够控制 D2D 发射机的最大发射功率。此外，在蜂窝网络中，eNode 使用上行或下行资源或两者兼有给 D2D 连接分配资源。当 D2D 作为 LTE-A 网络的一个底层实体，以频分复用或者时分复用方式工作时，干扰协调机制没有根本的不同。但是，当D2D复用蜂窝网络的上下行资源时，需要不同干扰协调机制在D2D链路中，没有清晰的上下行定义。

第一，D2D与蜂窝网络共享上行资源的干扰协调，在蜂窝上行传输中，eNode是受到来自所有D2D发射机干扰的受害接收机。由于D2D连接中的用户设备仍然由服务eNode控制，它可以限制D2D发射机的最大发射功率。特别地，对于D2D通信的设备，用户设备可以使用功率控制信息。D2D发射机的发射功率可以通过功率回退值减小，这个功率回退值，通过D2D发射机的发射功率与蜂窝功率控制决定的发射功率相比得到。对于蜂窝用户的上行传输，eNode可以额外地申请提高功率来确保蜂窝上行的信干燥比（Signal to Interference Noise Ratio，SINR），以符合信干燥比目标要求。

第二，D2D与蜂窝网络共享下行资源的干扰协调，下行蜂窝网络的蜂窝接收机的实际位置取决于eNode的短期调度。因此，每次受害接收机可以是任何被服务的用户设备。在建立一个D2D连接后，eNode可以设定D2D的发射功率来限定对蜂窝网络的干扰。可以通过长期观察不同D2D功率水平对蜂窝链路质量的影响，找到合适的D2D发射功率水平。此外，eNode可以确保在和D2D连接占用同样资源上被调度的蜂窝用户在传播条件下是独立的。例如，eNode可能同室外蜂窝用户一起调度室内D2D连接。

4. 链路自适应分析

链路自适应通过自适应地改变信干燥比和误块率，以达到最大化效率的目标。链路自适应还可以通过调制编码速率选择和自动请求重传的方法实现。调制编码的瞬间选择可以部分基于信道探测测量、部分基于缓冲中指示比特数的缓冲状态信息。因为D2D资源上的块差错率可以改变，这个改变主要取决于D2D的链路是在专用的资源上运行还是重复使用蜂窝资源，所以在链路自适应中，混合自动重传请求（Hybrid Automatic Repeat Request，HARQ）是必需的特征。与蜂窝链路相比，BLER操作点可以更高，而且更高的变化可以被容忍。混合自动重传请求怎样运行和服务于D2D的混合自动重传请求种类的细节是尚未解决的研究问题。应该在多天线配置方面对传输形式的自适应做进一步研究，分析预编码（Precoding）或者波束成形（Beamforming）是否会增益。

5. 信道测量分析

LTE-A中的信道测量在低开销和多时频资源块分辨率的时频配置上有很好的特性。对于重复间隙里的探测用参考符号（Sounding Reference Symbol，

SRS）仅仅占用一个符号的位置。因此，测量接收机通过整合全时频上的探测序列获得全带宽信道信息。除了探测用参考符号，解调用参考符号（Demodulation Reference Symbol，DRS）也可用作信道测量，尽管解调用参考符号主要用于 LTE-A 中的信道估计、均衡、解调和解码，但调解用参考符号和探测用参考符号的结构对于 D2D 链路也是可用的。

6. 通信移动性分析

D2D 通信的距离是受限制的，当 D2D 运行对蜂窝网络有可容忍的影响时，不同场景下多大的 D2D 距离是可行的应该进行进一步研究。由于距离受限，D2D 无线可以设计为固定的链路。然而，它也应该支持有限的移动性。可以通过 eNode 管理的一个公共的 C-RNTI 实现；在 IP 意义上，可以基于拥有多个有效 IP 地址来实现，可以允许用户面路由选择到一个 D2D 链路或者蜂窝网络的 IP 隧道，通过 IP 地址的流量区分是唯一的且很容易由用户设备管理。

结合 LTE-A 的物联网技术，将引领人类走向新的 IT 时代。正由于物联网及 LTE-A 系统的有效结合和发展潜力，因此针对其架构分析具有重要意义。

（三）物联网与光通信技术关系

1. 光纤通信技术含义

自 20 世纪 70 年代光纤商用化以来，光纤通信技术的发展已日渐成熟。20 世纪 90 年代后，随着光纤放大器和波分复用技术的迅速发展，光纤通信的通信距离和通信容量得到迅速拓展。目前单一波长的传输容量已从 2.5 Gbit/s、10 Gbit/s 发展到 40 Gbit/s，单波道 160 Gbit/s 传输技术的研究也已开展。在 1 280 ~ 1 625 nm 的广阔的光频范围都能实现低损耗、低色散传输，使传输容量几百倍、几千倍甚至上万倍的增长，这一技术成果将带来巨大的经济效益，在一根光纤上同时传送千万路电话已从梦想变为现实。

在物联网迅速发展过程中，需要完成各种信号的会聚、接入、传输，并形成全国性的物联网，光纤通信将有很大的应用前景，无论是移动网还是传统固定电话网，从长远发展趋势看，最终将走向泛在网，从物联网应用的承载需求看，通信网或者说泛在网的技术发展完全能够承载物联网的需求。物联网涉及海量的数据集合和泛在的网络要求，即要求在空间上无所不在，时间上随时随地。传感网所承载的业务状态多数是近距离通信，而通信网特别是光纤通信网络能承载更高的带宽，适合长距离传输，非常适宜物联网应用的拓展。现有通信网络核心层传输技术正在向大容量 IP 化和智能化发展，从物联网的角度来看，还应更加智能化，包括自动配置障碍自动诊断和分析路由自动调度适配、资源分配更智能化等。网络接入层传输技术的发展趋势是光接入网络。目前各大运营商都已建设光纤接入（Fiber-to-the-x，FTTx），它具有服务质量保障和更丰富的接入能力，能够满足 M2M 多种高速媒体流传送。

光纤不仅容量巨大而且价格低廉。光纤传输有许多突出的优点：频带宽、损耗低、质量轻、抗干扰能力强、保真度高、工作性能可靠、成本低。

目前，大容量光纤通信技术已经应用到了电信网、计算机网、广播电视网。这对于物联网的发展也具有十分重要的意义。

2. 无源光纤网络技术分析

无源光纤网络（Passive Optical Network，PON）的标准发展。无源光纤网络系统首先出现在 20 世纪 90 年代初，1996 年国际电信联盟电信标准化部门完成了对 G.982 的标准化。与此同时，以非同步转移模式（Asynchronous Transfer Mode，ATM）为基础的无源光纤网络（APON）发展迅速，1998 年国际电信联盟电信标准化部门正式通过了 G.983.1 建议，该建议对 APON 系统进行了详尽的规范。1999 年国际电信联盟电信标准化部门推出了 G.983.2 建议，即 APON 的光网络终端管理和控制接口规范。国际电信联盟和全业务接入网论坛联盟采纳了非同步转移模式标准，把它作为在无源光纤网络第二层的帧封装标准，能为商业用户、家庭用户提供包括 IP 数据、视频、音频等综合业务，形成了 APON 的标准（文档号 ITU-T RecG.983）。但是 APON 存在着一系列的问题，如带宽有限、带宽损失大、数据包开销大、协议转换麻烦、技术复杂、设备昂贵、多厂家互操作性差等。随着以太网技术的异军突起，APON 技术一直没有得到大规模应用。

随着互联网的高速发展，用户网络带宽的要求不断提高，各种新的宽带接入技术已经成为研究的热点。在这种背景下，美国电气及电子工程师协会于 2000 年底成立了第一英里以太网（Ethernet in the First Mile Study，EFM）工作组，试图引入一种新的接入技术标准以太网无源光纤网络（Ethernet Passive Optical Network，EPON）。2004 年 IEEE 802.3 第一英里以太网工作组发布了 EPON 标准 IEEE 802.3ah。无源光纤网络的拓扑结构实现以太网的接入，它基于高速以太网平台和时分复用模式（TDM）MAC 方式，能够提供多种综合业务的宽带接入，但其承载 TDM 业务和语音业务的效果不理想，较难满足电信级的服务质量要求。

除了 EPON 标准，另外一个主要标准为国际电信联盟电信标准化部门的无源光纤接入系统（Gigabit-Capable PON，GPON）标准，GPON 最早由全业务接入网论坛组织于 2002 年 9 月提出，国际电信联盟电信标准化组织在此基础上于 2003 年 3 月完成了国际电信联盟电信标准化组织 G.984.1 和国际电信联盟电信标准化组织 G.984.2 的制定，2004 年 2 月和 6 月完成了 G.984.3 的标准化，最终形成了 GPON 的标准族。GPON 技术是最新一代宽带无源光纤综合接入标准，其编码效率、汇聚层效率、承载协议率和业务适配效率都最高，具有高带宽、高效率、大覆盖范围、用户接口丰富等众多优点，被大多数运营商视为实现接入网业务宽带化、综合化改造的理想技术。

3. GPON 和 EPON 技术比对

（1）GPON 支持多种速率等级，可以支持上下行不对称速率，上行不一定要达到 1.25 Gbit/s 以上的速率，EPON 则只支持对称 1.25 Gbit/s 的单一速率。

（2）EPON 支持 Class A 和 Class B 的 ODN 等级，GPON 可支持 Class A、Class B 和 Class C，因此 GPON 可支持高达 128 的分路比和长达 20 km 的传输距离。2009 年日本市场大量使用的分路比为 1:32。

（3）单从协议上比较，GPON 标准是以 G.984.3 体系结构为基础的，而 EPON 则是以 IEEE 802.3ah 协议为基础的。

（4）国际电信联盟在制定 GPON 标准过程中沿用了 APON 标准 G.983 的很多概念，与第一英里以太网工作组制定的 GEPON 标准相比其更完善。但由于其增加了 TC 子层，因此也相应增加了一定的开销。

（5）GPON 标准规定 TC 子层可以采用非同步转移模式和 GFP 两种封装方式，其中 GFP 封装方式适于承载 IP 等基于包的高层协议，对于为了支持非同步转移模式业务而定义的非同步转移模式封装方式，在以 Ethenet 为基础的 GPON 系统中可以省略非同步转移模式业务或者单独开发。

（6）EPON 在 Ethernet 上承载 TDM 业务的技术并不成熟，较难满足电信级的服务质量要求，因此 EPON 为了能够承载 TDM 业务和语音业务必须设计新的 MAC 机制并增加新的软硬件。而 GPON 由于其设计的 TC 子层结构和 ATM 封装方式，能够比较容易地支持 TDM 业务和语音业务。

（7）相对较低的成本，EPON 较早开始大规模商用。

（8）GPON 在效率及服务质量上具有明显优势。

综上所述，GPON 在上下行带宽、距离 / 分光比方面均比 EPON 有优势，

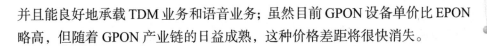

并且能良好地承载TDM业务和语音业务；虽然目前GPON设备单价比EPON略高，但随着GPON产业链的日益成熟，这种价格差距将很快消失。

四、三网融合概述

物联网时代，当大量终端比较集中地接入网络时，同时发送数据到物联网应用平台，核心网会遭受非常大的负荷冲击。对无线、核心网都将构成比较大的负荷，拥塞难免会发生，也会增加人与人之间通信的故障率。一方面，核心网的移动性管理网元需要同时处理终端的接入控制，频繁进行附着、激活、业务请求、创建承载等信令交互，会造成控制面负荷过载的发生。同时，当数据交互同时发生时，大量的物联网终端通过核心网的媒体网关与同一个远程服务器进行数据通信，这就可能造成媒体网关数据拥塞，特别是媒体网关到远程服务器的IP通道会造成数据阻塞，引起媒体面过载的发生。

物联网实质是一个由感知层、网络层和应用层共同构成的庞大的社会信息系统。物联网的发展更多地取决于网络的发展，物联网的很多应用都需要网络来支撑，三网融合为物联网的发展提供了条件，为物联网进入家庭搭建互联奠定了基础。

三网融合的驱动力是信息化服务。信息化服务已经广泛地渗透到人们的工作、生活之中。物联网正是以家庭信息服务为目标，致力于实现用户对生活品质的不断追求，因而具有了庞大的市场和产业空间。典型的应用包括远程学习、教育、保健、娱乐、智能家居、家庭安保等。技术的发展使未来的电信网、广电网和互联网都可以向数字、双向、多功能、智能、全业务方向发展，能够为物联网提供安全、高速和宽带的信息传输服务。因此，物联网的发展非常契合三网融合的理念。

物联网为三网融合提供了应用切入点，电信、电视等运营商都纷纷想从物联网产业的广阔发展空间中分一杯羹，除了提供基础的网络服务，还想利用各自的服务手段、技术手段、公信力和客户群在物联网发展中扮演关键的重要角色，成为海量数据处理和信息管理服务提供商。

（一）三网融合的含义

三网融合是指通过技术改造将电信网、互联网和广播电视网络技术相互融合，使得三大系统相互兼容，让它们的高层应用业务进行融合，目的是能够在同一个网络上同时开展语音、数据和视频等多种不同业务。三网融合之后每个网络都能够提供包括语音、数据、图像等综合多媒体的通信业务。

三网融合并不是指三大网络简单的物理合一，而是指三个网络中业务的融合。三网融合的目标是整合各类网络资源，形成具有业务融合能力的网络基础设施。

物联网中，由于大量物体需要接入网络，业务量剧增，数据量也大大增加，三网融合对于物联网核心网的建设十分重要。物联网通过各种不同的接入方式将感知层获取的数据信息接入网络中，庞大的数据流和复杂的数据系统需要一个互相融合的网络来支持系统对数据的传输和操作。

作为信息产业发展的基础，广播电视网、电信网与互联网的三网融合则是现代信息技术发展的必然趋势，并且已经日渐成为人们关注的网络领域技术变革的热点。

广播电视网是全国最大的公众信息网络，贯通全国和各省市首府及其大部分的城镇，拥有用户终端数超过 1 亿户。宽带双向光纤同轴电缆混合网（Hybrid Fiber Coax，HFC）入户技术可在有线电视的同轴电缆上，利用频分技术，同时实现看电视、打电话、上网，且互不干扰。虽然我国的有线电视网是世界上用户规模最大的有线电视网，但由于其发展不均衡，全国各地网络分配网带宽不一，使用器材离散性大等诸多原因，因而也只有在对现有网络进行不同程度的升级改造后，才有进一步拓展广播电视业务以外的其他增值业务的可能。

电信网是以电话网为基础逐步发展起来的，目前信息到户主要是双绞线，通过交换机与骨干网相连。电话网是最早进行数字化的，传输方式逐步向光纤到户发展，传输协议从准同步体系（Plesynchronous Digital Hierarchy，PDH）到同步体系（Synchronous Digital Hierarchy，SDH），进而到非同步转移模式发展，但由于发展的不均衡，尚不能做到全网传输和交换的数字化。

虽然有非对称用户线路（Asgmmetric Digital Subscriber Line，ADSL）和高速用户环路（Very-high-bit-rate Digital Subscriber Loop，VDSL）等方式，速率可以从几 Mbit/s 到几十 Mbit/s，但非对称用户线路和高速用户环路的高速率对于电缆介质的传输距离和线路质量有着严格的要求。可以说，整个网络的流通能力受到双绞线传输容量这一瓶颈的抑制，这将是电信业务网一个难以逾越的障碍。

计算机网最早是从局域网发展起来的，远程网络是在国际互联网大规模发展后才迅速进入平常百姓家庭的，早先主要取决于电信网实现用户接入，同样受入户双绞线传输容量的限制。但随着 TCP\IP 的推广应用，架构于 IP 之上的软交换、交互式网络电视（Internet Protocol TV，IPTV）技术应用日趋成熟，在计算机网络实现语音、数据、视频的混合传输已经成为现实。而在接入层面，LAN、FTTX、PON、Wi-Fi、WiMax 等新技术层出不穷，发展极快，目前 FTTB/C+LAN 接入技术已经成为家庭宽带接入的优选方案。

（二）三网融合的应用形式

三网融合已经在我们生活中有了很多应用，其中，手机电视、VoIP、下一代广播电视网等是比较为大家所熟知的。

手机电视，百度百科给出的解释是："利用具有操作系统和流媒体视频功能的智能手机以及现在支持实时流传输协议（Real Time Streaming Protocol，RTSP）的非智能机都可以观看电视的业务。"简单来说就是在手机上实现观看电视节目的功能。手机可以接收电视卫星发射的信号，可以接收各大电视台的信号，方便人们随时随地看电视。

VoIP（Voiceover IP）即 IP 电话（Internet Protocol Phone），是利用 IP 网络实现语音通信的一种先进通信手段，是一种完全基于 IP 网络的语音传输技术。与传统电话不同的是它的资费极低，甚至很多是免费的。因为 IP 电话的语音信号走的是互联网，互联网通信的一大特点就是低费用。它利用语音网关、软交换平台、网守等设备将模拟信号数字化，然后将数据压缩成数据包，通过 IP 网络传输到语音的目的地址。目的地址接收到数据包后，将数据重组，解压缩后再还原成模拟信号。这样，一次完整的通话过程就在 IP 网络中实现了。IP 电话存在的缺点是安全性不高，语音质量取决于当时网络环境的好坏，通话质量无法得到保证。

（三）三网融合的优点分析

三网融合之后，带来的不仅是用户对多业务需求的满足，还有对网络资源的节省，甚至将引起人们生活方式的改变。

1. 资源节省

三网融合不仅有利于简化网络，降低网络管理复杂度，降低维护成本，极大地减少基础建设投入，而且还可以使不同的独立专业网络转变为综合性网络，提升网络性能，充分利用网络资源。

2. 业务重组

三网融合不仅继承了原有的网络语音、数据、视频等业务，而且通过网络融合，衍生了更加丰富多彩的增值业务，极大地拓展了业务提供的范围。并且能够提供的业务由单一业务向文字、语音、数据、图像、视频等多媒体综合业务转化。

三网融合打破了电信、广电运营商在各自领域长期的垄断地位，使资费变得更低。

（四）三网融合的现状研究和发展趋势解析

1. 国外发展现状

对国外而言，他们并没有三网这一概念，但是如同我国的三网融合工作中实际进行的工作一样，西方各国也通过各种方式打破了电信运营商和有线电视网运营商的独立运营模式，美国、法国、日本等陆续出台相应的立法，来促进广播电视业和电信业务的激烈竞争，以繁荣信息业。各国也早都意识到各大不同运营商独立进行的网络建设造成的资源资金的浪费，以及网络的重复性搭建也不利于信息业的长远发展。进行网络融合不仅可以节约资源，避免资源浪费，也可以满足人们日益增长的对于多种业务的不断增长的要求。各国也已经先后放松对互联网、有线电视公司、电信运营商之间的管制，创造环境以方便他们之间的相互融合、相互竞争。

微软、索尼等世界知名 IT 企业，已经把网络融合作为业务发展的重点而加以大力推进。国际上，TCI、尼克斯（Nynex）、CEY 等有线电视网络公司和 AT&T、Spring 等通信公司以及微软、甲骨文（Oracle）、IBM 等计算机软硬件公司都在三网融合这方面进行了相关的研究工作，并且有的公司已经有相应的产品问世。

美国这一 IT 强国，在这方面也是具有领先的水平，他们的电信和通信业市场开放较早，竞争更为成熟和充分，领先于很多国家进行了网络融合方面的探索和尝试。1993 年，美国提出信息高速公路计划，带来了席卷全球的信息化浪潮，美国电信法的颁布为有线电视的发展开辟了广阔的前景。美国研究出一系列新技术并投入应用，如电缆调制解调器、非对称数字用户线路（ADSL）、无线有线电视技术等，彻底改变了有线电视的应用范围，改变了人们对有线电视的传统观念，可以说在网络融合这一场现代化高科技竞争之中，美国已经处于领先地位。

2. 国内发展现状

我国是提出三网融合的国家，政府对这方面十分关注，正是由于意识到各不同运营商独立进行的网络建设造成的资源资金浪费这一事实，着眼于信息业的长远发展，我国提出了三网融合这一技术概念。希望能够依靠网络融合节约资源、避免资源浪费，并且可以满足人们日益增长的对于多种业务的不断增长的要求。

我国已经推出了IP电话、数字电视、网络电视、手机网络等日常生活各方面的应用，并且普及率很高，也已经得到了广大消费者的认同和赞赏。政府工作、公共安全、平安家居、工业监测等方面也开始应用三网融合技术。现在我们的手机可以听广播、看电视、上网等，进行多种业务；在互联网上我们可以看网络电视、可以打IP电话，这些都是三网融合带来的效果。

3. 三网融合未来发展趋势

三网融合的应用无处不在，范围涉及家居、交通、工业、农业、商业、政府工作、军事化等各个方面，必定能够得到良好的发展。我们已经实现了手机看电视、上网，互联网上看电视、打电话。不难预见，以后的电视也可以打电话、上网。三者之间会形成相互交叉，形成你中有我、我中有你的格局。

例如，未来，我们可以用电视遥控器打电话，在手机上看电视剧，随需选择网络和终端，只要拉一条线、接入一个网，甚至可能完全通过无线接入的方式就能通信、看电视、上网等。而对于物流行业来说，以后客户发货可以随时随地用手机迅速查到合适的物流公司，并立即下单，物流公司可以通过手机视频看到客户的货品的大致情况，并立即决定派什么样的车去提货，发完货以后，客户也能随时自主追踪货物状态，直到货物安全到达最终用户手里。

（五）三网融合的基础架构

当前各主要网络都支持TCP/IP的标准协议。因此我们以该协议作为核心协议，进行多网络的融合。传输控制协议不仅仅是一个通信协议，也不仅仅是一个应用程序编程接口（App lication Programming Interface，API），它是由多个数据通信协议组成的套件。虽然该套件中有许多协议，但传输控制协议和互联网协议是其中最重要的两个协议，所以套件以它们的名字来命名，并称为TCP/IP簇，简称TCP/IP。

目前计算机网使用的协议绝大部分是TCP/IP。TCP/IP是1969年在美国的高级研究计划署（Advanced Research Project Agency）网上开始研制的，最初的目的是分组交换。TCP/IP历经多年的发展，逐渐得以完善和成熟，并成为网络市场中事实上的网络通信协议标准，TCP/IP是一组用于实现网络互连的通信协议。互联网网络体系结构以TCP/IP为核心。基于TCP/IP的参考模型将协议分成四个层次，它们分别是应用层、传输层（主机到主机）、网际互联层和网络访问层。

（1）应用层：应用层对应于开放式系统互联（Open System Interconnect，OSI）参考模型的高层，为用户提供所需要的各种服务。例如，文本传输协议

（File Transfer Protocol，FTP）、域名系统（Domain Name System，DNS）、简单邮件传输协议（Simple Mail Transfer Protocol，SMTP）等。

（2）传输层：传输层对应于开放式系统互联参考模型的传输层，为应用层实体提供端到端的通信功能。该层定义了两个主要的协议：传输控制协议和用户数据报协议。传输控制协议提供的是一种可靠的、面向连接的数据传输服务；而用户数据报协议提供的是不可靠的、无连接的数据传输服务。

（3）网际互联层：网际互联层对应于开放式系统互联参考模型的网络层，主要解决主机到主机的通信问题。该层有四个主要协议：网际协议（Internet Protocol，IP）、地址解析协议（Address Resolution Protocol，ARP）、互联网组管理协议（Internet Group Management Protocol，IGMP）和互联网控制报文协议（Internet Control Message Protocol，ICMP）。IP是网际互联层最重要的协议，它提供的是一个不可靠、无连接的数据传递服务。

（4）网络访问层：网络访问层与开放式系统互联参考模型中的物理层和数据链路层相对应。事实上，TCP/IP本身并未定义该层的协议，而由参与互连的各网络使用自己的物理层和数据链路层协议，然后与TCP/IP的网络访问层进行连接。

电信网、互联网、广播电视网相互融合，它们的物理层将所有资源进行共享，并将所有的信息资源对所有业务经营者共享，融合之后三大网络的功能基本相同，通过多种接入方式达到对多种业务的统一服务。

不同网络的数据在IP层融合。长途电话的语音数据根据协议标准形成IP包，IP包使用相应的链路层协议可以在以太网、有线电视网等任意的网络中传输。最后到达网关，该网关根据相应协议将数据转成公共交换电话网络中的信令和语音数据发送给相应的接收端，最终实现提供多种业务的目的。

（六）三网融合的技术支持

1. 数字通信技术支持

具有统一的数据流模式是三大网络之间能够进行业务融合的前提条件。数字通信技术对语音、图像以及其他类型的数据信号编码，使它们成为0/1数字符号。所有业务通过数字化都统一成0/1比特流。这样无论是语音信号、数据信号、图像信号还是视频信号等都可以通过不同的网络来进行传输、交换、处理，达到网络融合的目的。

2. 大容量光纤通信技术支持

三网融合的目的是更好地提供各种业务。随着业务量增多，业务种类也变得更纷繁复杂。随之带来的趋势就是网络的业务量不断增大，网络中传输的数据量也变得很庞大，尤其是在物联网这一领域的应用之中，大数据量传输处理能力更是一个必要条件。大数据传输量在传输时需要更大的带宽。大容量光纤通信技术刚好满足了这一要求，成了在三网融合技术里传输介质的最佳选择。

众所周知，光纤不仅容量巨大而且价格低廉。光纤传输有许多突出的优点：频带宽、损耗低、质量轻、抗干扰能力强、保真度高、工作性能可靠和成本低等。

目前，大容量光纤通信技术已经应用到了电信网、互联网、广播电视网之中，这十分有利于三网融合的进展。

3. IP 技术支持

三网融合，要对网络资源进行综合调度和管理，不仅需要将不同类型的业务数据格式统一成数字信号，在传输过程中还需要各种网络之间具有统一的规则和传输协议。IP 技术满足了这种需求。TCP/IP 是互联网的基本思想，TCP/IP 能够抽象和屏蔽硬件细节，向用户提供通用的网络服务。在低层网络技术与高层应用程序之间采用 TCP/IP，网络传输更为快捷方便。由于提供了统一的 IP 地址，从而屏蔽了下层物理网络地址的差异性，统一了异种网络地址，保证了异种网络的互通，可以将多种业务、多种硬件环境、多种通信协议综合统一起来。

为了满足网络融合产生的 IP 地址需求量的增大，产生了 IPv6 技术。IPv6 巨大的地址空间和灵活的分配地址方式都十分适合网络融合中各种网络适合的通信方式之间的相互转换，并且在物联网这一特殊领域发挥着重要作用。

全 IP 技术在物联网中也将扮演重要角色，这也是三网融合的一个技术趋势。

三网融合的关键技术有很多，技术的发展是三网融合最主要的推动力量。网络技术正逐渐趋向一致，逐渐向 IP 汇聚，已成为下一步发展的主导趋势，特别是 IP 技术、光纤通信技术和数字技术、接入网技术、软件技术等重大技术的进展，为三网融合铺平了道路，三网融合正是这些技术合力的结果。

五、电力线通信技术及四网合一概述

电力线通信（Power Line Communication，PLC）是指利用现有电力线，通过载波方式将模拟或者数字信号进行高速传输的技术。它具有高可靠性、低成本等优点，是一种应用较为普遍的通信方式。

物联网的承载网具有传输数据量庞大、传输距离远的特点，如果将物联网和电力线通信技术相结合，在现有电路上采取智能嫁接技术，可以对大量终端进行控制和管理，市场潜力巨大，又十分环保节能。电力线通信技术将成为物联网新技术的有益补充，具有广泛的应用前景。

传统电力显示给用电设备传送电能，而不是用来传送数据的，所以电力线对数据传输有许多限制。电力网设计的初衷是传送 50 Hz 或 60 Hz 的电力，使用这种介质在较高的频率上传送数据有一些技术上的挑战。各个国家的电源线栅格结构、室内布线和接地方式不尽一致，甚至在一个国家内都不相同。电力线信道是一个刺耳的噪声传输媒质，是一种很难建模、具有频率选择性、受到多色背景噪声损害及周期和非周期性脉冲噪声影响的信道。

建立高速、双向、实时、集成的通信系统是实现智能电网的基础，没有这样的通信系统，任何智能电网的特征都无法实现，因为智能电网的数据获取、保护和控制都需要这样的通信系统的支持，因此建立这样的通信系统是迈向智能电网的第一步。同时，通信系统要和电网一样深入千家万户，这样就形成了两张紧密联系的网络——电网和通信网络，只有这样才能实现智能电网的目标和主要特征。作为智能电网的标志性技术之一，电力光纤到户是在普通低压入户电线中加入光结，把电线打造成一条信息共享的"高速路"。在这条"高速路"上，既可输送电能，也可搭载互联网和电信、广播电视信号，从而实现四网融合的功能。现代通信的方式主要有互联网、光纤通信、电力线通信、无线通信等。由电力线网络发展起来的通信方式覆盖广、安全性高，正受到越来越多的关注。在克服了标准统一及通信质量等问题后，很有可能在智能电网中大有所为。

宽带电力线通信（Broadband over Power Line，BPL），是指带宽限定在 2 ~ 30 MHz、通信速率通常在 1 Mbit/s 以上的电力线载波通信。宽带电力线通信技术指利用现有电力线，无须重新布线就可以实现数据、视频等信号的传输，终端只要插上电源插头，就可以实现互联网接入、电视信号接收、电话拨打，最终实现四网合一。

集互联网、电视、电话及电力传输于一体的"四网合一"宽带电力线通信新技术，是一种利用现有的电力线作为信息传输媒介，通过载波方式传输模拟或数字信号的通信技术，是一种全新的通信手段，其优势明显。可直接利用现有的电力线，而无须重新布线、成本低廉、应用范围广。同时，由于成功地解决了宽带电力线通线载波通信的防雷、抗干扰、抗衰减、信号安全隔离、信号分离和信号注入等技术难题，不仅可以自动对抗来自其他电器对通信的信号干扰，在用电高峰期也能正常使用，也保证了通信的安全性和保密性。

电力基础设施将通过加载数字设备和芯片技术升级为人类创新生产和生活的重要设施，电力系统的通信和信息等服务完全可能与传统业务平分秋色，与此同时将实现有插座的地方就有信息互动，电力产业将实现工业革命以来最重要的大跨度转型。宽带电力线通线解决了信息高速公路的末端接入问题，可满足智能电网用电环节信息化、自动化、互动化的需求。

（一）电力线信道特性的含义

电力线主要是用来传输电能的，并不是理想的通信信道。由于电力线通信信道具有明显的时变性和随机性，目前对其研究大都停留在实测的水平上，没有精确的理论分析和数学模型。分析电力线信道特性，需要考虑以下三方面的问题。

（1）噪声特性。低压电力线信道内的噪声分为四类。

背景噪声：其频谱占据了整个通信带宽，所以扩展信号频谱并不能提供任何增益。经测量发现，背景噪声的主要来源是交直流两用电动机。不过背景噪声很少能够达到最高功率水平，而且将与传输信号一起被用户配电网络衰减。

随机脉冲噪声：闪电和负载的开关操作，都会产生随机脉冲噪声，而且每一个脉冲噪声都将影响一个很宽的频带。脉冲噪声的三种主要参数是幅度、宽度和到达间歇时间。脉冲幅度和脉冲宽度一起给出了脉冲能量。宽度影响到在给定速率下的数据位数，而到达间歇时间则影响脉冲噪声发生的频率。在特性恶劣的信道中，常使用扩频（Spread Spectrum，SS）、前向纠错（Forward Error Correction，FEC）编码和交织技术来降低误码率。

与工频同步的谐波噪声：由工频电压触发的可控硅整流器产生。因其开关频率与电源频率同步，故产生了一系列不同幅度、不同频率的谐波噪声。

与工频无关的谐波噪声：又称为周期异步噪声，一般是由电视接收机和计算机显示器产生。脉冲的重复频率依赖于接收机和显示器的扫描频率标准，而对高分辨率和图像偏移质量的追求将使这些频率越来越高。

（2）衰减特性。高频信号在电力线上的衰减，是低压电力线通信遇到的又一个实际困难。电力线是用来传输 50 Hz 电能的，并非为通信专门设计。另外，由于低压电网线路分支很多，各种不同性质的负载在网络的任意位置随机地连接或断开，使通信系统所要求的最基本的阻抗匹配都很难做到，信号时常会遇到反射、驻波等复杂现象的干扰，因此，其衰减特性非常复杂，具有很强的时变性。这种衰减与通信距离、信号频率等都有密切关系。

低压电网衰减特性的一些定性规律：①除了短距离传输外，即使接收机与发射机同相，信号衰减仍可达到或超过 20 dB；②当频率上升时，信号衰减随之增大，但这种变化并不是单调的；③在某些特定的频率点上，有可能发生深度衰减；④电力网上电力负载的变化会极大地影响信号的衰减，不同的节点间，甚至同一对节点在不同时间，其衰减值都相差很大。

（3）阻抗特性。电力线的阻抗主要由电力线上接入负载的阻抗特性所决定。正是由于接入负载阻抗的不确定性和时变性，引起了电力线阻抗的不稳定。

测量结果表明，低压电力线上的输入阻抗与所传输的信号频率密切相关。总体上，阻抗随着频率的增加而增加，但某些局部又出现所谓的阻抗低谷区，其原因是电力线连接有各种复杂的负载。这些负载及电力线本身组合成许多谐振回路，在谐振频率及其附近频率上，形成低阻抗区，从而造成了在局部频率段内，阻抗随着频率增加而减小的现象。同时，由于负载在电力线上随机地连接或断开，所以在不同时间，电力线的输入阻抗会发生较大幅度的改变。其结果是在同一频率下测量的阻抗有很大的波动。

如果输出阻抗不能较好地与线路阻抗相匹配，则信号能量不能有效输出，实际耦合到电力线上的信号能量就会很小，产生较大的耦合损耗。

（二）电气及电子工程师协会电力线通信标准分析

对于消费者来说，目前已经可在某些时间利用多种技术实现到室内和在室内的宽带连接。在这些技术中，电力线通信对于提供宽带连接是一个极好的候选对象，因为它是一种既存的基础设施。这一设施比任何其他有线设施更普遍地渗透到千家万户，从而可使每一件电力线设备变成增值服务的目标。因此，可以考虑把电力线通信作为其他方法不可替代的、在未来大量应用的宽带连接技术。宽带电力线通信不能被采纳的最根本的障碍是由于缺乏一个全球认可的标准化组织制定的国际技术标准，但这一障碍通过 IEEEP1901 标准联合工作组的工作，将很快被消除。成立于 2005 年 6 月的联合工作组，2009 年已经进入关键工作阶段。

自从 2005 年 6 月工作组成立以来，业界对电力线通信技术的兴趣大为增加，现在工作组已囊括了跨整个电力线通信价值链的 50 多个实体。按照

IEEE P1901 工作组的工作范围，电力线通信标准将使用低于 100 MHz 的传输频率，该频率范围将可用于所有级别的电力线通信设备，包括用于最前 / 最后一英里（到互联网最前设备距离 <1 500 m）连接宽带服务的设备，以及建筑物内的局域网和其他的数据分发（设备间距 <100 m）应用，且物理层数据率大于 100 Mbit/s。

IEEE P1901 工作组的工作范围只限于物理层和国际标准化组织开放式系统互联基本参考模型所定义的数据链路层的媒体接入子层。

2005 年 6 月 IEEEP 1901 工作组正式成立，9 月便确定了总的工作流程。同时，一个分组开始制定一整套统一的功能和技术要求，并在电气及电子工程师协会电力线通信技术委员会某些成员的协助下，研究了信道和噪声模型以及拓扑描述，其结果被批准列入通告的附录中。此后几年的进展形成了三个不同簇的数百项功能和技术要求：

（1）室内（IH）——该簇要求涉及使用结构中的低压线缆承载数字内容。

（2）接入（AC）——该簇要求涉及在室内的中低压电力线上的宽带内容传输。

（3）共存（CX）——该簇要求侧重于使电力线通信设备相互兼容的要求，即使是基于不同技术的设备。

室内簇的功能和技术要求主要针对将住房或办公室的电力线用作数字通信介质的问题。接入簇包括的功能和技术要求针对将多媒体服务通过电力线送给居民，以及发挥电力实际功效的问题。共存簇包含的功能和技术要求针对如何控制非互通设备能共享信道而不引起相互之间有害的干扰。在共存簇中定义共存协议，该协议确定通用资源的共享机制，由此来决定非 IEEE P1901 设备彼此之间以及它们与 IEEE P1901 设备之间的信道共享。除这三个簇之外，IEEE P1901 工作组还开始把自己的工作扩展到运输领域（如飞机、舰船、火车、汽车等）。

2007 年 2 月，该工作组批准了一整套作为电力线通信基础标准所确定的功能和技术要求，并发出征求建议书，以征求满足所批准的功能和技术要求的系统技术解决方案。截至 2007 年 6 月，共收到 12 份建议，每簇 4 份。2008 年 4 月，每簇只剩下一个被选定的技术建议。

（三）电力线通信技术系统

在配电变压器低压出线端安装电力线通信主站，将电力线高频信号和传统的光缆等宽带信号互相转换。电力线通信主站的一侧通过电容或电感耦合器连接电力电缆，注入和提取高频电力线通信信号；另一侧通过传统通信方式，如光纤、CATV、非对称数字用户线路等连接至互联网用户侧，用户的计算机通过以太网接口或 USB 接口与电力线通信调制解调器相连，普通话机通过 RJ-11 接口连至电力线通信调制解调器，而电力线通信调制解调器直接插入墙上插座。如果电力线通信高频信号衰减较大或干扰较大，则可以在适当的地点加装中继器以放大信号。

目前最常用的接入方法可分为：以电话线为基础的调制调解器接入、综合业务数字网（Integrated Services Digital Network，ISDN）接入、非对称数字用户线路接入和以利用四通八达的有线电视网络为基础的电缆调制调解器接入、以卫星直拨网络为基础的直接电力线通信接入等。还可以利用电力线上网，最有前途的应该是高速光纤直接到户专线接入。

与其他接入技术比较，电力线宽带接入网络具有以下优势：

（1）充分利用现有的低压配电网络基础设施，无须任何布线。

（2）电力线是覆盖范围最广的网络，它的规模是其他任何网络无法比拟的。

（3）电力线通信能够提供高速的传输，可为用户提供高速互联网访问服务、语音服务，从而为用户上网和打电话增加了新的选择，有利于其他电信服务商改善服务、降低价格。

（4）电力线通信是家居自动化的主力军。在家里的任何位置，只要连接到房间内的任何电源插座上，就可立即拥有电力线通信带来的高速网络享受。

（5）电力线通信属于即插即用，不用烦琐的拨号过程，接入电源就等于接入网络。

（四）电力线通信技术在物联网中的应用

（1）无线遥控：只要一个遥控器，就可以在家里任何地方遥控家里所有楼上楼下、隔房的灯和电器；而且无须频繁更换各种遥控器，就能实现对多种红外家电的遥控功能；轻按场景按钮，就能轻松实现"会客""就餐"和"影院"等灯光和电器的组合场景。

（2）定时控制：卧室的窗帘准时自动拉开、微波炉（电饭煲）定时烹饪、音响自动关机，轻按门厅口的"全关"键，所有的灯和电器全部熄灭，安防系统自动布防。外出旅游时，可设置主人在家的虚拟场景，防范小偷入侵。

（3）互联网传输：国外通过实际网络的实验证明，电力线通信可以获得6 MHz 的带宽，在同时传送三个低速率或三个中等速率多媒体流的情况下没有分组丢失和抖动。电力线通信网络除了完成智能家庭中的内部通信外，将来还能不用拨号就可接至互联网。各户的电力线通信网关可以安装在其溶丝盒里。网关可能连接一个或几个用来增强信号强度的中继器。对于低压电力通信技术还有很多需要完善的部分，相信今后还会在家居智能化方面有更大的突破，发展出更多的功能。

综上所述，推进家庭自动化的最现实最经济的途径是把这项电力线通信技术与网络、微控制器相结合。即以电力线为物理媒介，把分布在住宅各个角落的微控制器和家电个人计算机连成一个网络。这样，电力线和信号线合一，无须布设信号线；人们原来使用和维护电器的习惯都不受影响，家电无须增加双绞线、红外等接口，只要在内部配备电力线载波通信芯片，再更新程序就行了，对老式家电的改造也很容易；载波速度慢是电力线通信的一个缺点，但家电的信息量小，基本上可忽略这一因素。因此电力线载波通信技术就能在家居智能化应用上得以实现，特别是在中速率传输应用方面，因其具有可靠性高、造价低廉等优点，可以与"蓝牙"相媲美。

六、三网融合分析与下一代网络、下一代广播电视网、下一代互联网

（一）三网的现状分析

1. 电信网的现状分析

我国的电信网具有以下特点：电路交换网；服务质量保证；恒定、对称的话路量；64 Kbit/s 带宽；效率低；成本高。

具有了以上特点，电信网拥有一些其他网络无法具备的优势：电信网有强大而覆盖面广的传输网，基本已经完成了城乡完全覆盖；由于电信网起步很早，内部管理严格；具有大型网络设计、运营经验；与用户有长期的服务关系，在计费管理方面有很充足的经验。

但是电信网也存在自身的不足之处，主要问题在于以下几点：

（1）我国电话业务还处在大发展阶段，但在 5 ~ 10 年内业务量将让位给数据业务。

（2）电信的最大资产——铜缆接入网价值与日递减。

（3）以非同步转移模式为基础的 B-ISDN 体系由于 IP 的崛起而失败。

根据以上存在的问题，电信运营商也做出了针对性的策略调整。首先是在体制和概念上进行了转变；其次进行了电路交换与分组交换之间的转变，而且引入了宽带接入技术。

2. 有线电视网的现状分析

有线电视网的传统业务，包括公共广播电视频道节目的信号传输、新装用户的安装服务以及卫星节目落地服务等。其收入包括初装费、节目收视费、节目传输维护费、广告费、增加传输频道费等。基本业务收入（主要是电视节目的收视费）是我国有线电视网收入的主要部分。其主要优势如下。

（1）普及率高。电视比电话的普及率更高，每个家庭都拥有一台或者几台电视机。

（2）接入带宽最宽。有线电视网网络接入带宽有专门的频段。

（3）掌握重要的信息源，且处在高度严格的管制之下。

（4）通过 CableModem 用户共享 10 ~ 30 Mbit/s。

（5）低廉的包月租费。

（6）有利于数字电视的开播。

但是目前我国有线电视网还存在很多问题，目前三网融合的主要问题在于广播电视网这一领域，主要问题在于：

（1）网络分散、各自为政，无统一严格的技术标准和网络规划。

（2）基本上没有形成全国网。

（3）现有网络多为单向网络，为双向通信则必须进行改造。

（4）网络质量较差，可靠性较低。

（5）技术上还存在一定问题，并且技术上无国际标准。

（6）缺乏通信方面的知和运行经验，且实力有限。

针对以上问题，为了解决好三网融合这一战略大局，广电网也制定了以下策略。首先需要建立全国性的、统一的 SDH 网，形成以 SDH+HFC+ 电缆调制解调器为特征的基本框架。其次与 IP 技术结合，抢占 IP 市场，再逐步进军电话业务和其他多媒体业务。

3. 互联网的现状分析

移动互联网，就是将移动通信和互联网结合起来成为一体，是互联网的技术、平台、商业模式和应用与移动通信技术结合并实践的活动的总称。4G时代的开启以及移动终端设备的凸显必将为移动互联网的发展注入巨大的能量，互联网产业必将带来前所未有的飞跃。互联网本身具有以下一些优势：

（1）无连接 IP 分组交换网形式。

（2）效率高，成本低，信令、计费和网管简单，带宽不固定，成本基于带宽或流量，与距离和时间无关。

（3）TCP/IP 是目前唯一可为三大网络共同接受的通信协议，没有电信铜缆和交换电路的包袱，技术更新块、成本低。以太网已经渗透到接入网、城域网，乃至广域网。

但是互联网也存在很多问题，主要问题有以下几点：缺乏大型网络与电话业务方面的技术和运行经验；对全网没有有效的控制管理能力；端到端性能无法保障；实时业务质量目前无法保证。

（二）下一代网络构建

1. 下一代网络的产生及发展

为了适应新技术和新应用，对传统电信网络进行改造和升级，如怎样处理数据拥塞、怎样增加通信带宽、怎样保证传输质量、怎样对多类终端的综合接入已经成为运营商们所必须面对的问题。

目前电信业务发展的主要特点如下。

（1）新业务的不断出现，数据业务的快速发展，使得通信量急剧上升。

（2）计算机技术的发展和计算机互联需求的增加，使得基于 IP 和非同步转移模式的分组交换网日益发展壮大。

（3）新的语言压缩技术已经可以将话音信号压缩在低于 64 Kbit/s 的信道上传输，并已在 IP 电话、移动通信系统中得到广泛的应用。

一方面，传统的电信网络越来越难以适应现代信息交换和传输的需求。另一方面，基于 IP 的网络通信有着惊人的增长速度，IP 业务的高速增长推动着分组交换和传输技术的不断进步，各种光通信技术的应用使得光纤的容量大大增加，也推动了交换设备的升级。

在这样的背景下，下一代网络（Next Generation Nerwork，NGN）应运而生，基于 TDM 的 PSTN 电话网和分组交换网融合，形成可以传递包括语音、数据、视频、多媒体信息在内的新一代网络。

2. 下一代网络的含义

欧洲电信标准化委员会认为，下一代网络只是在电信和信息领域用于指代业务基础设施变化的一个代名词，它包括了针对 PSTN/ISDN/GSMPhase2 以后的所有网络的发展趋势。

国际电信联盟下一代网络标准化小组提出，下一代网络应是 PSTN、移动通信网和分组网的融合，未来网络应在统一的分组网上支持各种业务。

所谓下一代网络，是一个非常松散定义的术语，泛指一个不同于目前一代的、大量采用创新技术、以 IP 为中心，同时可以支持语音、数据和多媒体业务的融合网络。一方面，下一代网络不是现有电信网和 IP 网的简单延伸和叠加，而应是两者融合的结果，所涉及的也不仅仅是单项节点技术和网络技术，而是整个网络的框架，是一种整体网络解决方案。另一方面，下一代网络的出现和发展不是革命，而是演进，即在继承现有的网络优势基础上实现的平滑过渡。

下一代网络主要是以 ATM/IP 特别是 IP 为基础的分组网，然而，从传统的电路交换网到分组网将是一个长期的渐进过程，因而 10 ~ 15 年的主要任务是同时支持这两种网络，解决两网之间的互通以及各自业务和应用的互操作性，其中，软交换技术将是完成这一过渡的关键技术。

从基础传送网层面来看，以 WDM 为基础的光网络将是理想的大容量网络，然而主要基于点对点通信的 WDM，尽管容量有余，但组网灵活性欠佳，而能实现光层灵活联网功能的光联网将是理想的下一代光网络的传送平台。

总之，下一代网络将是以软交换为核心，光联网和分组传送技术为基础的开放式融合网络。

3. 下一代网络基本特征

下一代网络是可以提供语音、数据、多媒体在内的各种通信业务的综合、开放的网络体系，其主要特征包括：①分组网；②控制在承载、呼叫 / 会话和应用 / 业务之间分离；③业务提供与网络分离；④基于业务模块，提供范围更广的服务；⑤具有端到端服务质量和透明性的带宽能力；⑥通过开放式接口与传统网络互通；⑦通用移动性；⑧用户可以无限制地访问业务提供商；⑨各种不同的识别机制，可以解析到 IP 地址；⑩基于固定和移动的融合业务及业务相关的功能与底层的传输技术无关。

（1）开放性。划分为几个模块，每个模块能独立发展，互不干涉，又能组成一个整体，部件间的协议接口标准化，有利于设备间包括异构网的互联互通的问题。

（2）业务驱动。业务与呼叫控制分离、呼叫控制与承载控制分离。通过这两者的分离实现相对独立的业务体系，允许业务与网络独立发展，提供开放的应用程序编程接口，支持不同带宽、实时的或非实时的各种媒体业务的使用，使得业务和应用有较大的灵活性。

（3）多用户。下一代网络综合了固定电话网、移动电话网和 IP 网络的优势，使得模拟用户、移动用户、非对称数字线路用户、综合业务数字网用户、IP 窄带网络用户、IP 宽带网络用户，甚至通过卫星接入的用户都能作为下一代网络中的一员相互通信。

（4）高性能。下一代网络具有高速物理层、链路层和网络层。网络层使用统一的 IP 实现业务融合，链路层趋于采用电信级分组节点，传送层从点对点趋于光联网，提供巨大而廉价的网络带宽和网络成本、可持续发展的网络结构，透明支持任何业务和信号，接入层采用多元化的宽带无缝接入技术，大大提高了用户业务的灵活性和服务质量。

4. 下一代网络的基本体系结构

下一代网络总体发展方向主要是应用分组化的基础设施，国际电信联盟电信标准化部门提出了下一代网络的垂直参考配置模型——下一代网络体系框架，按照设备功能可划分为四个主要层次：

（1）接入层和传输层：由媒体网关、各种接入方式组成，媒体网关负责适配语音和其他媒体流到分组传输网。

（2）媒体层：负责将各种各样的用户信息格式转换为适合在网络上传输的格式，如将语音信号分割成非同步转移模式信元或 IP 包。

（3）控制层：主要由媒体网关 / 软交换控制和 IP 业务交换功能组成，完成业务逻辑的具体执行，包含呼叫控制、资源管理、接续控制和路由等操作，实现各种信令协议的互通和转换，是下一代网络核心和中枢，负责业务功能与呼叫控制的分离、业务功能与承载功能的分离。

（4）业务层：负责与各种增值业务控制逻辑相应的网络管理及服务，完成增值业务处理（业务生成、业务逻辑定义和业务编程接口、业务认证和计费等）。

5. 下一代网络的关键支撑技术

以软交换为核心，ATM/IP 为骨干网的下一代网络是一种融合的网络，除软交换技术、媒体网关技术和信令网关技术外，下面列举几种支撑下一代网络的关键技术。

（1）IPv6：扩大了地址空间，提高了网络的整体吞吐量、服务质量，安全性有了更好的保证，支持即插即用和移动性，实现多播功能。

（2）宽带接入：VDSL、EPON 等。

（3）城域网：城域光网（Metropolitan Optical Network，MON）基于WDM，在光层上进行操作的城域网，是一个扩展性非常好的并能适应未来透明、灵活、可靠的平台，可提供动态的、基于标准的多协议支持，同时具有高效配置、高生存能力和综合网络管理的能力。

（4）4G 移动通信系统：传输速率高达或超过 l00 Mbit/s；可在不同的接入技术之间进行漫游与互通。

（5）IP 终端：开发出适应于多种上网的 IP 终端。

（6）网络安全技术：采用强安全性的网络协议（如 IPv6），对关键的网元、网站、数据中心设置真正的冗余、分集和保护。

（三）下一代广播电视网构建

下一代广播电视网（Next Generation Broadcast，NGB）是以自主知识产权技术标准为核心的、可同时传输数字信号和模拟信号的，具备双向交互、组播、推送播存和广播四种工作模式的、可管可控可信的、全程全网的宽带交互式网络。

下一代广播电视网采用广播和交换技术相结合的扁平式网络体制，以可保证服务质量的大规模汇聚接入技术为基础，具有开放式业务支撑架构，承载网对业务透明，服务提供机制引入透明计算模式以保证可信度，家庭用户终端的外延形态是智慧家庭网络，家庭物联网是其内在的自然属性。

1. 下一代广播电视网的基础架构

下一代广播电视网涵盖三个部分：业务部分、承载部分和管理部分。下一代广播电视网的业务部分包含三个层次：下一代广播电视网业务支撑层、下一代广播电视网业务运营层、下一代广播电视网业务提供层。下一代广播电视网的承载部分包括由有线和无线一体化支撑，单向广播和双向交互融合的新型泛在网络。总纵向体系包括四个层次：下一代广播电视网互通骨干层、下一代广播电视网城域骨干层、下一代广播电视网接入层、下一代广播电视网终端层。

2. 下一代广播电视网的功能特点分析

（1）可漫游：下一代广播电视网服务系统可以实现用户在漫游状态下接入广播电视网，并使用与归属地完全一致的服务。

（2）可扩展：下一代广播电视网完全基于分布式的架构来构建，在网络承载、业务系统、管理系统方面都可以根据需要进行扩展，满足用户数目不断增长和业务及管理需求不断变化的需要。

（3）可运营：下一代广播电视网将构建完善的用户管理、运营支撑、互通监管、互通结算等业务运营和运营管理体系，使得广播电视网真正实现可运营。

（4）可联网：下一代广播电视网将采用开放的分布式架构，各地的运营网络都可以根据需要进行业务的互联互通，这将有利于目的优势资源，互通有无，并利于实现业务的规模化运营，打造健康的产业环境。

（5）可互通：下一代广播电视网还将实现与互联网、通信网等外部网络的互通，在业务融合和互通的基础上实现渐进式发展。

（四）下一代互联网构建

下一代互联网（Next Generation Internet，NGI），这个由美国克林顿政府支持开发的项目，目标是将连接速率提高至当时互联网速率的 100~1 000 倍。突破网络瓶颈的限制，解决交换机、路由器和局域网之间的兼容问题。

时至今日，下一代互联网在诸多方面都取得了长足进展，如无损失及低损失数据压缩技术（MP3 与 MP4）降低了音、视频信息传输对带宽的需求，速度更快、成本更低的接入技术也大量涌现，从而使 Web 视频已成为各类新型应用系统及操作系统的常备应用组件之一。下一代互联网协议的 IPv6 等也为下一代互联网的发展奠定了坚实的基础。IPv6 是由互联网工程工作小组研发的最新 IP 技术，旨在取代已沿用了 20 年之久的 IPv4，它可以大大增加 IP 地址的数量和安全性能。

1. 下一代互联网的计划分析

下一代互联网的几个基本计划几乎是并行提出和进行的，它们分别是：美国国家科学基金会超高带宽网络服务（The Veryhighspeed Backbone Network Service，VBNS），高等院校与企业合作的"Internet 2"，美国下一代互联网倡议。

超高带宽网络服务：1995 年，美国国家科学基金会就超高带宽网络服务与美国世界通信公司签订 5 年合作协议，超高带宽网络服务于 1995 年 4 月起被投入运行，连接 5 个超级计算机中心和 100 所大学及研究机构。到 2000 年超高带宽网络服务主干速率将升级到 2.5 Gbit/s。

Interaet 2：1996 年 10 月 1 日，美国一些科研机构和 34 所大学代表在芝加哥聚会，提出开发新一代互联网，取名"Internet 2"，以提供高速互联网服务的设想。1997 年 9 月，高级互联网开发合作组成立，以管理"Internet 2"和帮助其他联合组织。"Internet 2"的建立不是为取代互联网，也不是为普通用户新建另一个网络，而是用于教育和科研。

美国下一代互联网："Internet 2"被提出之后，美国政府随即于 1996 年 10 月 6 日宣布白宫下一代互联网这一多机构倡议。1997 年，研究机构已经演示了 5 种"前期应用"。下一代互联网计划的研究工作主要涉及协议、开发部署、高端试验网以及应用演示。其中某些目标会通过"Internet 2"或超高带宽网络服务来实现。下一代互联网计划在三个倡议计划中是最领先的。它的一个关键目标是开发和演示两个试验网，要在端到端的速率方面分别比目前的互联网快 100 倍和 1 000 倍，即达到 100 Mbit/s 和 1 Gbit/s。

2. 下一代互联网的构建目标

下一代互联网具有广泛的应用前景，支持医疗保健、国家安全、远程教学、能源研究、生物医学、环境监测、制造工程以及紧急情况下的应急反应和危机管理等，它有直接和应用两个方面的目标。

直接目标如下：

（1）使连接各大学和国家实验室的高速网络的传输速率比现有互联网快 100 ~ 1 000 倍，其速率可在 1 s 内传输一部大英百科全书。

（2）推动下一代互联网技术的实验研究，如研究一些技术使互联网能提供高质量的会议电视等实时服务。

（3）开展新的应用以满足国家重点项目的需要。

应用目标如下：

（1）在医疗保健方面要让人们得到最好的诊断医疗，分享医学的最新成果。

（2）在教育方面要通过虚拟图书馆和虚拟实验室提高教学质量。

（3）在环境监测上通过虚拟世界为各方面提供服务；在工程上通过各种造型系统和模拟系统缩短新产品的开发时间。

（4）在科研方面要通过下一代互联网进行大范围的协作，以提高科研效率等。

（五）三网融合与物联网发展前景

三网融合技术能够很好地解决物联网中的各种问题。电信网、互联网和广播电视网技术相互融合，促使三大系统相互兼容，高层应用业务的融合，使得能够在同一个网络上同时开展语音、数据和视频等多种不同业务。三网融合之后每个网络都能提供包括语音、数据、图像等综合多媒体的通信业务。三网融合并不是指三大网络的简单的物理合一，而是指三个网络中业务的融合。三网融合的目标是整合各类网络资源，形成具有业务融合能力的网络基础设施。

并且物联网的产业化，需要芯片商、传感设备商、系统解决方案厂商、移动运营商等上下游厂商通力合作，加强广电、电信、交通等部门的合作，是探索未来商业模式的重要切入口。三网融合将是物联网发展以及实现更广泛应用的重大契机和平台，是物联网发展的重要动力，将为打破"行业壁垒"提供示范。

第五章　物联网软件及其中间件技术

随着经济的发展，我国投入极大的力量建设物联网，在物联网的应用上也取得了突出的成绩，有效地推动了我国经济的增长。在物联网的系统中会产生庞大的数据，这给数据的传送和管理工作带来了巨大的困难，所以为了能够及时处理好这些庞大的数据，需要设计良好的物联网中间件的数据处理模块来进行数据处理，保证物联网能够安全稳定的运行。本章从物联网云计算体系技术和物联网中间件技术两个维度出发，对物联网软件及其中间件技术展开深入分析。

第一节　物联网云计算体系技术

一、云计算概述

物联网运营平台的功能和性能需求，在以下几个方面显现出了云计算特征。

（1）对资源有大规模、海量需求。未来物联网运营平台需要存储数以亿计的传感器设备在不同时间采集的海量信息，并对这些信息进行汇总、拆分、统计、备份，这需要弹性增长的存储资源和大规模的并行计算能力。

（2）资源负载变化大。有些行业应用的峰值负载、闲时负载和正常负载之间差距明显，如无线 POS 刷卡应用在白天较忙，而在夜晚较空闲。不同行业应用的资源负载不同，如低频次应用一般 10 min 以上甚至一天采集、处理一次数据，而高频次应用会要求 30 s 采集、处理一次数据。另外，同一行业应用由于是面向多个用户提供服务的，因此存在负载错峰的可行性，如居民电力抄表可以分时分区上报数据。

（3）以服务方式提供计算能力。虽然不同行业应用的业务流程和功能存在较大差异，但从物联网运营角度来看，其计算控制需求是相同的，都需要对采集的数据进行分析处理，因此可以将这部分功能从行业密切相关的流程中剥离出来，包装成面向不同行业的服务，以平台服务方式提供给客户，客户只要满足服务接口要求，就能享受到这些服务能力。例如，可以在物联网运营平台实现一个大气污染监控的计算模型，并暴露服务接口，行业应用调用这个接口就能够获得监控数据分析结果。

可以说云计算与物联网平台有着天然的联系，所以很自然地针对物联网运营平台的云计算特征，考虑引入云计算技术构建物联网运营平台。

（一）云计算的含义

传统模式下，企业建立一套 IT 系统不仅仅需要购买硬件等基础设施，还要购买软件的许可证，需要专门的人员维护。当企业的规模扩大时还要继续升级各种软硬件设施以满足需要。对于企业来说，计算机等硬件和软件本身并非他们真正需要的，它们仅仅是完成工作、提高效率的工具而已。对个人来说，我们想正常使用计算机需要安装许多软件，而许多软件都是收费的，对不经常使用该软件的用户来说购买是非常不划算的。可不可以有这样的服务，能够提供需要的所有软件供我们租用？这样我们只需要在用时付少量"租金"即可"租用"到这些软件服务，为我们节省许多购买软硬件的资金。

我们每天都要用电，但我们不是每家自备发电机，它由电厂集中提供；我们每天都要用自来水，但我们不是每家都有井，它由自来水厂集中提供。这种模式极大地节约了资源，方便了我们的生活。面对计算机给我们带来的困扰，我们可不可以像使用水和电一样使用计算机资源？这些想法最终导致了云计算的产生。云计算的最终目标是将计算、服务和应用作为一种公共设施提供给公众，使人们能够像使用水、电、煤气和电话那样使用计算机资源。

云计算是由分布式计算（Distributed Computing）、并行计算（Parallel Computing）、网格计算（Grid Computing）发展来的，是一种新兴的商业计算模型。目前，人们对于云计算的认识在不断地发展变化，云计算仍没有普遍一致的定义。

作为一种商业计算模型，云计算是基于网络将计算任务分布在大量计算机构成的资源池中，使用户能够借助网络按需获取计算力、存储空间和信息服务。

狭义的云计算指的是厂商通过分布式计算和虚拟化技术搭建数据中心或超级计算机，以免费或按需租用方式向技术开发者或者企业客户提供数据存储、分析以及科学计算等服务，如亚马逊数据仓库出租生意。

广义的云计算指厂商通过建立网络服务器集群，向各种不同类型客户提供在线软件服务、硬件租借、数据存储、计算分析等不同类型的服务。广义的云计算包括了更多的厂商和服务类型，如国内用友、金蝶等管理软件厂商推出的在线财务软件。

通俗地理解，云计算的"云"就是存在于互联网上的服务器集群上的资源，它包括硬件资源（服务器、存储器、CPU 等）和软件资源（如应用软件、集成开发环境等），本地计算机只需要通过互联网发送一个需求信息，远端就会有成千上万的计算机为用户提供需要的资源并将结果返回到本地，所有的处理都在云计算提供商所提供的计算机群来完成。云计算将所有的计算资源集中起来，并由软件实现自动管理，无须人为参与。这使得应用提供者无须为烦琐的细节而烦恼，能够更加专注于自己的业务，有利于创新和降低成本。这就好比是从古老的单台发电机模式转向了电厂集中供电的模式。它意味着计算能力也可以作为一种商品进行流通，就像煤气、水电一样，取用方便，费用低廉。最大的不同在于，云计算是通过互联网进行传输的。

云计算是并行计算、分布式计算和网格计算的发展，或者说是这些计算机科学概念的商业实现。云计算是虚拟化（Virtualization)、公用计算（Utility Computing)、基础设施即服务（IaaS）、平台即服务（PaaS）、软件即服务（SaaS）等概念混合演进并跃升的结果。总体来说，云计算可以算作网格计算的一个商业演化版。

（二）云计算的基本特点

（1）超大规模。"云"具有相当的规模，亚马逊、IBM、微软、雅虎等的"云"均拥有几十万台服务器。企业私有云一般拥有成百上千台服务器。"云"能赋予用户前所未有的计算能力。

（2）虚拟化。云计算支持用户在任意位置、使用各种终端获取应用服务。所请求的资源来自"云"，而不是固定的有形实体。应用在"云"中某处运行，但实际上用户无须了解，也不用担心应用运行的具体位置。只需要一台笔记本或者一部手机，就可以通过网络服务来实现我们需要的一切，甚至包括超级计算这样的任务。

（3）高可靠性。"云"使用了数据多副本容错、计算节点同构可互换等措施来保障服务的高可靠性，使用云计算比使用本地计算机可靠。

（4）通用性。云计算不针对特定的应用，在"云"的支撑下可以构造出千变万化的应用，同一个"云"可以同时支撑不同的应用运行。

（5）高可扩展性。"云"的规模可以动态伸缩，满足应用和用户规模增长的需要。

（6）按需服务。"云"是一个庞大的资源池，按需购买；云可以像自来水、电、煤气那样计费。

（7）极其廉价。由于"云"的特殊容错措施，因此可以采用极其廉价的节点来构成云。"云"的自动化集中式管理使大量企业无须负担日益高昂的数据中心管理成本，"云"的通用性使资源的利用率较之传统系统大幅提升，因此用户可以充分享受"云"的低成本优势，经常只要花费几百美元、几天时间就能完成以前需要数万美元、数月时间才能完成的任务。云计算可以彻底改变人们未来的生活，但同时也要重视环境问题，这样才能真正为人类进步做贡献，而不是简单的技术提升。

（8）潜在的危险性。云计算服务除了提供计算服务外，还提供了存储服务。但是云计算服务当前垄断在私人机构（企业）手中，而他们仅仅能够提供商业信用。对于政府机构、商业机构（特别像银行这样持有敏感数据的商业机构），选择云计算服务应保持足够的警惕。一旦商业用户大规模使用私人机构提供的云计算服务，无论其技术优势有多强，都不可避免地让这些私人机构以"数据（信息）"的重要性挟制整个社会。对于信息社会而言，信息是至关重要的。另外，云计算中的数据对于数据所有者以外的其他用户，云计算用户是保密的，但是对于提供云计算的商业机构而言确实毫无秘密可言。所有这些潜在的危险，是商业机构和政府机构选择云计算服务，特别是国外机构提供的云计算服务时，不得不考虑的一个重要的前提。

（三）云计算的具体分类

云计算按照服务类型大致可以分为三类：将基础设施作为服务、将平台作为服务和将软件作为服务。

基础设施作为服务将硬件设备等基础资源封装成服务供用户使用，如亚马逊云计算（Amazon Web Services，AWS)的弹性计算云（EC2）和简单存储服务（S3）。在基础设施作为服务环境中，用户相当于在使用裸机和磁盘，既可以让它运行 Windows 操作系统，也可以让它运行 Linux 操作系统，因而几乎可以做任何想做的事情，但用户必须考虑如何才能让多台机器协同工作起来。亚马逊提供了在节点之间互通消息的接口简单队列服务（Simple Queue Service，SQS)。基础设施作为服务最大优势在于它允许用户动态申请或释放节点，按使用量计费。运行基础设施作为服务的服务器规模达到几十万台之多，用户因而可以认为能够申请的资源几乎是无限的。而基础设施作为服务是由公众共享的，因而具有更高的资源使用效率。平台作为服务对资源的抽象层次更进一层，它提供用户应用程序的运行环境，微软的云计算操作系统可大致归入这一类。平台作为服务自身负责资源的动态扩展和容错管理，用户应用程序不必过多考虑节点间的配合问题。但与此同时，用户的自主权降低，必须使用特定的编程环境并遵照特定的编程模型。这有点像在高性能集群计算机里进行消息传递接口（Message Passing Interface，MPI）编程，只适用于解决某些特定的计算问题。

软件作为服务的针对性更强，它将某些特定应用软件功能封装成服务，如 Salesforce 公司提供的在线客户关系管理（Client Relationship Management，CRM）服务。软件作为服务既不像平台作为服务一样提供计算或存储资源类型的服务，也不像基础设施作为服务一样提供运行用户自定义应用程序的环境，它只提供某些专门用途的服务供应用调用。需要指出的是，随着云计算的深化发展，不同云计算解决方案之间相互渗透融合，同一种产品往往横跨两种以上类型。

二、云计算体系结构概述

云计算至少作为虚拟化的一种延伸，影响范围越来越大。但是，目前云计算还不能支持复杂的企业环境。因此云计算架构呼之欲出，经验表明，在云计算走向成熟之前，我们更应该关注系统云计算架构的细节。基于对现有的一些云计算产品的分析和个人的一些经验，总结出一套云计算体系结构。云计算的体系结构主要包括云端用户、服务目录、管理系统和部署工具、资源监控、服务器集群。

（1）云端用户，提供云用户请求服务的交互界面，用户通过 Web 浏览器可以进行注册、登录及定制服务，配置和管理用户。其主要有以下几种技术。

HTML：标准的 Web 页面技术，现在主要以 HTML4 为主，但是将要推出的 HTML5 会在很多方面推动 Web 页面的发展，如视频和本地存储等方面。

JavaScript：一种用于 Web 页面的动态语言，通过 JavaScript，能够极大地丰富 Web 页面的功能。

CSS：主要用于控制 Web 页面的外观，而且能使页面的内容与其表现形式优雅地分离。

Flash：业界最常用的富互联网应用（Rich Internet Applications，RIA）技术，能够在现阶段提供 HTML 等技术所无法提供的基于 Web 的富应用，而且在用户体验方面，非常不错。

Silverlight：来自微软公司的富互联网应用技术，虽然其现在市场占有率稍逊于 Flash，但由于其可以使用 C# 来进行编程，所以对开发者非常友好。

（2）服务目录，用户在取得相应权限后可以选择或定制的服务列表。它在下面的基础设施层所提供资源的基础上提供了多种服务，如缓存服务和表述性状态转移（Representsentational State Transfer，REST）服务等，而且这些服务既可用于支撑云端用户，也可以直接让用户调用，并主要有以下几种技术：

REST：通过 REST 技术，能够非常方便和优雅地将中间件层所支撑的部分服务提供给调用者。

多租户：就是能让一个单独的应用实例可以为多个组织服务，而且保持良好的隔离性和安全性，并且通过这种技术，能有效地降低应用的购置和维护成本。

并行处理：为了处理海量的数据，需要利用庞大的 X86 集群进行规模巨大的并行处理。

应用服务器：在原有的应用服务器的基础上为云计算做了一定程度的优化。

分布式缓存：通过分布式缓存技术，不仅能有效地降低对后台服务器的压力，而且还能加快相应的反应速度，最著名的分布式缓存例子莫过于内存缓存。

（3）管理系统和部署工具，提供管理和服务，能管理云用户，能对用户授权、认证、登录进行管理，并可以管理可用计算资源和服务，接收用户发送的请求，根据用户请求并转发到相应的应用程序，调度资源智能地部署资源和应用，动态地部署、配置和回收资源。其主要有下面 6 个方面。

账号管理：通过良好的账号管理技术，能够在安全的条件下方便用户登录，并方便管理员对账号的管理。

服务等级协议监控：对各个层次运行的虚拟机、服务和应用等进行性能方面的监控，以使它们都能在满足预先设定的服务等级协议（Service Level Agreement，SLA）的情况下运行。

计费管理：也就是对每个用户所消耗的资源等进行统计，来准确地向用户索取费用。

安全管理：对数据、应用和账号等 IT 资源采取全面保护，使其免受犯罪分子和恶意程序的侵害。

负载均衡：通过将流量分发给一个应用或者服务的多个实例来应对突发情况。

运维管理：主要是使运维操作尽可能地专业和自动化，从而降低云计算中心的运维成本。

（4）资源监控，监控和计量云系统资源的使用情况，以便做出迅速反应，完成节点同步配置、负载均衡配置和资源监控，确保资源能顺利分配合适的用户。

（5）服务器集群，虚拟的或物理的服务器，由管理系统管理，负责高并发量的用户请求处理、大运算量的计算处理、用户 Web 应用服务，云数据存储时采用相应数据切割算法，采用并行方式上传和下载大容量数据，主要有以下四种技术。

一是虚拟化：也可以理解它为基础设施层的"多租户"，因为通过虚拟化技术，能够在一个物理服务器上生成多个虚拟机，并且能在这些虚拟机之间实现全面的隔离，这样不仅能降低服务器的购置成本，而且还能同时降低服务器的运维成本，成熟的 X86 虚拟化技术有 VMware 的 ESX 和开源的 Xen。

二是分布式存储：为了承载海量的数据，同时也要保证这些数据的可管理性，需要一整套分布式的存储系统。

三是关系型数据库：基本是在原有的关系型数据库的基础上做了扩展和管理等方面的优化，使其在云中更适应。

四是 NoSQL：为了满足一些关系数据库所无法满足的目标，如支撑海量的数据等，一些公司特地设计一批不是基于关系模型的数据库。

用户可通过云用户端从列表选择所需服务，其请求通过管理系统调度相应的资源，并通过部署工具分发请求、配置 Web 应用。

三、云计算的关键技术概述

云计算系统运用了许多技术，其中以编程模型、海量数据分布存储技术、海量数据管理技术、虚拟化技术、云计算平台管理技术最为关键。

（1）编程模型。MapReduce 是谷歌开发的 Java、Python、C++ 编程模型，它是一种简化的分布式编程模型和高效的任务调度模型，用于大规模数据集（大于 1 TB）的并行运算。严格的编程模型使云计算环境下的编程十分简单。MapReduce 模式的思想是将要执行的问题分解成 Map（映射）和 Reduce（化简）的方式，先通过 Map 程序将数据切割成不相关的区块，分配（调度）给大量计算机处理，达到分布式运算的效果，再通过 Reduce 程序将结果汇总输出。

（2）海量数据分布存储技术。云计算系统由大量服务器组成，同时为大量用户服务，因此云计算系统采用分布式存储的方式存储数据，用冗余存储的方式保证数据的可靠性。云计算系统中广泛使用的数据存储系统是谷歌文件系统（Google File System，GFS）和 Hadoop 团队开发的谷歌文件系统的开源实现 HDFS。谷歌文件系统是一个可扩展的分布式文件系统，用于大型的、分布式的、对大量数据进行访问的应用。谷歌文件系统的设计思想不同于传统的文件系统，是针对大规模数据处理和谷歌应用特性而设计的。它运行于廉价的普通硬件上，但可以提供容错功能。它可以给大量的用户提供总体性能较高的服务。一个谷歌文件系统集群由一个主服务器（Master Server）和大量的块服务器（Chunk Server）构成，并被许多客户（Client）访问。主服务器存储文件系统的元数据包括名字空间、访问控制信息、从文件到块的映射以及块的当前位置，它也控制系统范围的活动。主服务器定期通过 HeartBeat 消息与每一个块服务器通信，给块服务器传递指令并收集它的状态。

谷歌文件系统中的文件被切分为 64 MB 的块并以冗余存储，每份数据在系统中保存三个以上备份。客户与主服务器的交换只限于对元数据的操作，所有数据方面的通信都直接和块服务器联系，这大大提高了系统的效率，防止主服务器负载过重。

（3）海量数据管理技术。云计算需要对分布的、海量的数据进行处理、分析，因此，数据管理技术必须能够高效地管理大量的数据。云计算系统中的数据管理技术主要是谷歌的 BT（Big Table）数据管理技术和 Hadoop 团队开发的开源数据管理模块 HBase。BT 是建立在谷歌文件系统、Scheduler、块服务（Lock Service）和 MapReduce 之上的一个大型的分布式数据库，与传统的关系数据库不同，它把所有数据都作为对象来处理，形成一个巨大的表格，用于分布存储大规模结构化数据谷歌的很多项目。使用 BT 来存储数据，包括网页查询、谷歌地球（Google Earth）和谷歌金融。这些应用程序对 BT 的要求各不相同：数据大小（从 UHL 到网页到卫星图像）不同，反应速度不同（从后端的大批处理到实时数据服务）。对于不同的要求，BT 都成功地提供了灵活高效的服务。

（4）虚拟化技术。通过虚拟化技术可实现软件应用与底层硬件相隔离，它包括将单个资源划分成多个虚拟资源的裂分模式，也包括将多个资源整合成一个虚拟资源的聚合模式。虚拟化技术根据对象可分成存储虚拟化、计算虚拟化、网络虚拟化等，计算虚拟化又分为系统级虚拟化、应用级虚拟化和桌面虚拟化。

（5）云计算平台管理技术。云计算资源规模庞大，服务器数量众多并分布在不同的地点，同时运行着数百种应用，如何有效地管理这些服务器，保证整个系统提供不间断的服务是巨大的挑战。云计算系统的平台管理技术能够使大量的服务器协同工作，方便地进行业务部署和开通，快速发现和恢复系统故障，通过自动化、智能化的手段实现大规模系统的可靠运营。

第二节　物联网中间件技术

物联网支撑技术包括中间件、对象名称解析服务（Object Name Service，ONS）、实体标记语言（Physical Markup Language，PML）、嵌入式智能和云计算等技术。

中间件：中间件系统位于感知设备和物联网应用之间，可以对感知设备采集的数据进行校对、过滤、汇集等处理过程，有效地减少发送到应用程序的数据的冗余度，提高数据的正确性，在物联网中起着很重要的作用。

对象名称解析服务：对象名称解析服务将一个产品电子编码映射到一个或者多个 IP/URI，在这些 IP/URI 中可以查找到关于这个物品的更多的详细信息，通常对应着一个 EPCIS。对象名称解析服务是联系前台中间件软件和后台 EPCIS 服务器的网络枢纽。运行在本地服务器中的对象名称解析服务帮助本地服务器吸收标签读写器侦测到的全球信息，而且还可以将产品电子编码关联到这些物品相关的 Web 站点或者其他互联网资源。

实体标记语言：它将为工商业中的软件开发、数据存储和分析工具提供一个描述自然实体、过程和环境的标准化方法，并能够提供一种动态的环境，使与物体相关的静态的、暂态的、动态的和统计加工过的数据在此环境中可以交换。实体标记语言可广泛应用在存货跟踪、事务自动处理、供应链管理、机器操纵和物对物通信等方面，在物联网中扮演着重要的角色。

嵌入式智能：嵌入式智能系统是集软硬件于一体的、可独立工作的计算机系统，在物联网的一些应用场景中，需要一些传感器实现对周围环境和监测目标的自动化监测及控制，这就需要嵌入式智能来实现。

云计算：从信息和设备的量化方面来看，物联网使用了数量惊人的传感器，采集到惊人的数据量，通过无线传感器网络、宽带互联网进行传输和汇聚；从质的方面来看，使用了海量数据存储设施、高性能的处理设施和先进的处理算法对这些数据进行处理分析、挖掘，从而可以更加迅速、准确、智能地对物理世界进行管理和控制。因此，人们可以更加精细、动态地管理生产和生活，达到智能的状态，提高资源利用率和生产力水平。可以看出，云计算凭借其强大的处理能力、存储能力和极高的性能价格比，很自然地成为物联网的后台支撑平台。

一、中间件技术概述

当代计算机技术发展迅速，同时各种各样的应用软件需要在不同的应用平台之间进行移植，或者多种应用软件在一个平台下协同工作，这就需要保证平台和应用系统之间数据传递的可靠性、高效性，同时保证系统的协同性。为了实现这一要求，我们需要一种基于软硬件平台，对高层应用软件进行支持的软件系统，中间件技术就是在这个大环境下应运而生的。

（一）中间件技术的含义

中间件是位于平台（操作系统和硬件）和应用程序之间的通用服务，针对不同的操作系统和硬件平台，它可以有符合接口和协议规范的多种实现。除了操作系统、数据库外，凡是能批量生产、高度复用的软件都算是中间件。IBM 公司、甲骨文公司和微软公司等都是引领中间件潮流的生产商；SAP 公司等大型企业资源计划（ERP）应用软件厂商的产品也是基于中间件架构的；国内的用友软件股份有限公司、金蝶国际软件集团有限公司等软件厂商也都有中间件部门或者分公司。欧洲联盟 Hydra 物联网中间件计划的技术框架，值得我们借鉴。

具体讲，中间件屏蔽了底层操作系统的复杂性，使程序开发人员面对一个简单而又统一的开发环境，减少了程序设计的复杂性，将注意力集中在自己的业务上，不必再为程序在不同软件的一致性而重复地工作，从而大大减少了技术上的负担。中间件技术具有以下特点：满足大量应用的需要；运行于多种硬件和操作系统平台；支持分布式计算，提供跨网络、硬件和操作系统平台的透明性的应用或者服务的交互功能；支持标准协议。

（二）中间件技术的发展现状及分类

1. 国内外中间件技术的发展现状

在包括物联网软件在内的软件领域，美国长期引领潮流，基本上垄断了全球市场，欧洲联盟早已看到了软件和中间件在物联网产业链中的重要性，从 2005 年开始资助 Hydra 项目，这是一个研发物联网中间件和"网络化嵌入式系统软件"的组织，已取得不少成果。目前在我国有很多传感器、传感网、射频识别研究中心及产业（生产）基地，也有很多人呼吁建立物联网标准，唯独没有物联网软件和中间件研发基地及组织，这种现象令人忧虑，如果我国的物联网集成软件技术一直处于滞后的状况，必将影响我国物联网战略的实施。中央提出了重点发展软件产业和电子芯片产业，明确将软件产业列为战略性新兴产业，这也为发展我国的物联网中间件提供了机遇。国内的物联网技术应用处于刚起步阶段，成功的应用案例比较少见，相比国外存在着比较大的差距。虽然我国的物联网产业有政府的大力宣传和扶持，成立了以无锡为代表的物联网技术研发基地，但物联网的整个产业链还没完全形成，尤其在物联网应用集成技术方面还很薄弱。物联网作为一个汇集了数据采集、数据传输、数据处理、业务应用技术的集成化概念，其应用的关键问题也是集成问题，通过有效的技术集成将上述各层次的技术整合在一起，形成完整的数据采集、数据传输、数据处理、数据应用通道，才能实现物联网的真正应用。深圳远望谷信息技术股份有限公司和 IBM 公司联手开发了射频识别中间件适配层软件，青岛海尔集团、南京瑞福智能科技有限公司也做过这方面的尝试。

2. 中间件的主要分类

中间件包括的范围十分广泛，针对不同的应用需求涌现出多种各具特色的中间件产品。但至今中间件还没有一个比较精确的定义，因此，在不同的角度或不同的层次上，对中间件的分类也会有所不同。由于中间件需要屏蔽分布环境中异构的操作系统和网络协议，它必须能够提供分布环境下的通信服务，我们将这种通信服务称之为平台。基于目的和实现机制的不同，我们将平台分为以下主要几类：远程过程调用中间件、面向消息中间件（Message Oriented Middleware，MOM）、对象请求代理中间件、事务处理监控中间件。

它们可向上提供不同形式的通信服务，包括同步、排队、订阅发布、广播等，在这些基本的通信平台之上，可构筑各种框架，为应用程序提供不同领域内的服务，如事务处理、分布数据访问、对象事务管理等。平台为上层应用屏蔽了异构平台的差异，而其上的框架又定义了相应领域内应用的系统结构、标准的服务组件等，用户只需告诉框架所关心的事件，然后提供处理这些事件的代码。当事件发生时，框架则会调用用户代码。用户代码不用调用框架，用户程序也不必关心框架结构、执行流程、对系统级应用程序编程接口的调用等，所有这些由框架负责完成。因此，基于中间件开发的应用具有良好的可扩充性、易管理性、高可用性和可移植性。

（1）远程过程调用中间件。远程过程调用是一种广泛使用的分布式应用程序处理方法。一个应用程序使用远程过程调用协议来远程执行一个位于不同地址空间里的过程，并且从效果上看和执行本地调用相同。事实上，一个远程过程调用应用分为两个部分：服务器和客户。服务器提供一个或多个远程过程；客户向服务器发出远程调用。服务器和客户可以位于同一台计算机，也可以位于不同的计算机，甚至运行在不同的操作系统之上，它们通过网络进行通信。相应的客户桩（Stub）和运行支持提供数据转换与通信服务，从而屏蔽不同的操作系统和网络协议。在这里，远程过程调用通信是同步的，采用线程可以进行异步调用。

在远程过程调用模型中，客户和服务器只要具备了相应的远程过程调用接口，并且具有远程过程调用运行支持，就可以完成相应的互操作，而不必限制于特定的服务器。因此，远程过程调用为客户/服务器分布式计算提供了有力的支持。同时，远程过程调用所提供的是基于过程的服务访问，客户与服务器进行直接连接，没有中间机构来处理请求，因此也具有一定的局限性。例如，远程过程调用通常需要一些网络细节以定位服务器；在客户发出请求的同时，要求服务器必须是活动的等。

（2）面向消息中间件。面向消息中间件指的是利用高效可靠的消息传递机制进行平台无关的数据交流，并基于数据通信来进行分布式系统的集成。通过提供消息传递和消息排队模型，它可在分布环境下扩展进程间的通信，并支持多通信协议、语言、应用程序、硬件和软件平台。目前流行的面向消息中间件产品有 IBM 的 MQSeries、BEA 的 MessageQ 等。消息传递和排队技术有以下三个主要特点。

①通信程序可在不同的时间运行：程序不在网络上直接相互通话，而是间接地将消息放入消息队列，因为程序间没有直接的联系，所以它们不必同时运行。消息放入适当的队列时，目标程序甚至根本不需要正在运行；即使目标程序在运行，也不意味着要立即处理该消息。

②对应用程序的结构没有约束：在复杂的应用场合中，通信程序之间不仅可以是一对一的关系，还可以是一对多和多对一方式，甚至是上述多种方式的组合。多种通信方式的构造并没有增加应用程序的复杂性。

③程序与网络复杂性相隔离：程序将消息放入消息队列或从消息队列中取出消息来进行通信，与此关联的全部活动，如维护消息队列、维护程序和队列之间的关系、处理网络的重新启动和在网络中移动消息等是面向消息中间件的任务，程序不直接与其他程序通话，并且它们不涉及网络通信的复杂性。

（3）对象请求代理中间件。随着对象技术与分布式计算技术的发展，两者相互结合形成了分布对象计算，并发展为当今软件技术的主流方向。1990年底，对象管理集团（OMG）首次推出对象管理结构（Object Management Architecture，OMA），对象请求代理是这个模型的核心组件。它的作用在于提供一个通信框架，透明地在异构的分布计算环境中传递对象请求。公共对象请求代理体系结构（Common Object Request Broker Architecture，CORBA）

规范包括了对象请求代理的所有标准接口。1991 年推出的 CORBA1.1 定义了接口描述语言 OMGIDL 和支持客户 / 服务器对象在具体的对象请求代理上进行互操作的应用程序编程接口。CORBA 2.0 规范描述的是不同厂商提供的对象请求代理之间的互操作。对象请求代理是对象总线，它在 CORBA 规范中处于核心地位，定义异构环境下对象透明地发送请求和接收响应的基本机制，是建立对象之间客户 / 服务器关系的中间件。对象请求代理拦截请求调用，并负责找到可以实现请求的对象、传送参数、调用方法、返回结果等。客户对象并不知道同服务器对象通信，以及激活或存储服务器对象的机制，也不知道服务器对象位于何处、它是用何种语言实现的、使用什么操作系统。

值得指出的是客户和服务器角色只是用来协调对象之间的相互作用，根据相应的场合，对象请求代理上的对象可以是客户，也可以是服务器，甚至兼有两者。当对象发出一个请求时，它处于客户角色；当在接收请求时，它就处于服务器角色。大部分的对象都是既扮演客户角色又扮演服务器角色。另外，由于对象请求代理负责对象请求的传送和服务器的管理，客户和服务器之间并不直接连接，因此，与远程过程调用所支持的单纯的客户 / 服务器结构相比，对象请求代理可以支持更加复杂的结构。

（4）事务处理监控中间件。事务处理监控最早出现在大型机上，为大型机提供支持大规模事务处理的可靠运行环境。随着分布计算技术的发展，分布应用系统对大规模的事务处理提出了需求，如商业活动中大量的关键事务处理。事务处理监控中间件介于客户和服务器之间，进行事务管理与协调、负载平衡、失败恢复等，以提高系统的整体性能。它可以被看作事务处理应用程序的操作系统。总体来说，事务处理监控中间件有以下功能。

①进程管理，包括启动服务器进程、为其分配任务、监控其执行并对负载进行平衡。

②事务管理，即保证在其监控下的事务处理的原则性、一致性、独立性和持久性。

③通信管理，为客户和服务器之间提供了多种通信机制，包括请求响应、会话、排队、订阅发布和广播等。

事务处理监控能够为大量的客户提供服务，如飞机订票系统。如果服务器为每一个客户都分配其所需要的资源的话，那么服务器将不堪重负。但实际上，在同一时刻并不是所有的客户都需要请求服务，而一旦某个客户请求了服务，它希望得到快速的响应。事务处理监控中间件在操作系统之上提供一组服务，对客户请求进行管理并为其分配相应的服务进程，使服务器在有限的系统资源下能够高效地为大规模的客户提供服务。

（三）射频识别中间件技术在物联网中的应用

物联网的中间件处于物联网的集成服务器端或者感知层、传输层的嵌入式设备中。服务器端中间件称为物联网业务基础中间件，一般都是基于传统的中间件（应用服务器、ESB/MQ 等）构建，加入了设备连接和图形化组态展示等模块；嵌入式中间件是一些支持不同通信协议的模块和运行环境。中间件的特点在于它固化了很多通用的功能，但在具体的应用中多半需要二次开发来实现个性化的行业业务需求，因此所有物联网中间件都提供了快速开发工具。

物联网中间件是业务应用程序和底层数据获取设备之间的桥梁，它是封装数据管理、设备管理、事件管理的中心，是物联网应用集成的核心部件，所以在物联网产业链中占有重要的地位。目前，物联网中间件最主要的代表是射频识别中间件，其他的还有嵌入式中间件、数字电视中间件、通用中间件、M2M 物联网中间件等。下面重点介绍一下射频识别中间件。

1. 射频识别中间件技术的应用

物联网是把所有的物体通过各种网络连接起来，实现任何物体、任何人、任何时间、任何地点的智能化识别、信息交换与管理。从技术架构上来看，物联网可分为感知层、网络层、应用层。在这里中间件平台是实现各种传感器和射频识别硬件设备与应用系统之间数据传输、过滤，数据格式转换的一种中间程序，它降低了应用开发的难度，使得开发者不需要直接面对底层架构，而通过中间件进行调用。在物联网中，软件是灵魂，中间件技术就是灵魂的核心。

产品电子编码系统是一个非常先进、综合和复杂的系统，其最终目标是为每一个单品建立全球的、开放的标识标准。它主要由产品电子编码标签、读写器、SAVANT（射频识别中间件）、对象名解析服务、信息服务 5 部分组成。而物联网中的中间件 SAVANT 在架构中起着关键部件的作用，SAVANT 扮演射频识别标签和应用程序之间的中介角色，从应用程序端使用中间件提供的一组通用的应用程序编程接口，即能连到射频识别读写器，读取射频识别标签数据。这样一来，即使存储射频识别标签数据的数据库软件或后端应用程序增加或改由其他软件取代，或者读写射频识别读写器种类增加等情况发生时，应用端不需修改也能处理，省去多对多连接的维护复杂性问题。由此可见，SAVANT 是衔接相关硬件设备和业务应用的桥梁，主要实现屏蔽异构性、实现互操作和信息的预处理等。其中，屏蔽异构性表现在计算机的软硬件之间的异构性，包括硬件（CPU 和指令集、硬件结构、驱动程序等）、操作系统（不同操作系统的应用程序编程接口和开发环境）、数据库（不同的存储和访问格式）等。造成异构的原因源自市场竞争、技术升级以及保护投资等。物联网中的异构性主要体现在以下几方面。

物联网中底层的信息采集设备种类众多，如传感器、射频识别、二维条码、摄像头以及 GPS 等，这些信息采集设备及其网关拥有不同的硬件结构、驱动程序、操作系统等。

不同的设备所采集的数据格式不同，这就需要中间件将所有这些数据进行格式转化，以便应用系统可直接处理这些数据。

在物联网中实现互操作，同一个信息采集设备所采集的信息可能要供给多个应用系统，不同的应用系统之间的数据也需要相互共享和互通。但是因为异构性，不同应用系统所产生的数据结果取决于计算环境，使得各种不同软件之间在不同平台之间不能移植，或者移植非常困难。而且，因为网络协议和通信机制的不同，这些系统之间还不能有效地相互集成。通过中间件可建立一个通用平台，实现各应用系统、应用平台之间的互操作。

数据的预处理，物联网的感知层将采集海量的信息，如果把这些信息直接传输给应用系统，那么应用系统对于处理这些信息将不堪重负，甚至面临崩溃的危险。而且应用系统想要得到的并不是这些原始数据，而是对其有意义的综合性信息。这就需要中间件平台将这些海量信息进行过滤，融合成有意义的事件再传给应用系统。

SAVANT 是一个物联网中间件，它主要用于加工和处理来自一个或者多个解读器的所有信息和事件流，是处在阅读器和计算机互联网之间的一种中间件系统，对标签解读器和企业应用程序的连接起着纽带作用，代表应用程序提供一系列的计算功能。为了减少发往信息网络系统的数据量以及防止错误识读、漏读或者多读信息，SAVANT 会对标签数据进行过滤、分组、计数。射频识别中间件是物联网的神经系统，是一种企业通用的管理产品电子编码数据架构。它可以被灵活地安装在商店、本地配送中心，或者全国范围内的数据中心，来实现对数据的捕获、监控和传送，减少从阅读器传往工厂应用的数据量。这种分布式的结构可以简化物联网管理，提高运行效率。同时，中间件还可提供与其他射频识别支撑软件系统进行互操作等功能。此外，中间件还定义了阅读器和应用两个接口。

射频识别中间件应该具备两个关键特征：首先要为上层的应用层服务，这是一个基本条件；其次必须连接到操作系统的层面，并且保持运行工作状态。射频识别中间件研究的领域和范围很广，涉及多个行业，也涉及多个不同的研究方向，如应用服务器、应用集成架构与技术、门户技术、工作流技术、企业级应用基础软件平台体系架构、移动中间件技术和物联网中间件技术等领域。

2. 射频识别中间件的组成

通常情况下，物联网中的射频识别中间件具有的模块包括读写器接口、事件管理器、应用程序编程接口、目标信息服务和对象名解析服务等，各个模块描述如下。

（1）读写器接口：物联网中间件需要具备集成各种形式的读写器的功能。协议处理器确保使中间件能够通过各种网络方案连接到射频识别读写器，作为射频识别标准化制定主体的 EPC-global 组织负责制定并推广描述射频识别读写器与应用程序间通过普通接口相互作用的规范。

（2）事件管理器：事件管理器用于对来自读写器接口的射频识别时间数据进行过滤、聚合和排序，并且再通告数据与外部系统相关联的内容。

（3）应用程序编程接口：它的作用是使外部应用程序系统能够控制读写器。服务器端的接收器接收应用程序的系统指令，应用程序编程接口提供一些通信功能。

（4）目标信息服务：它由两部分组成，一个是目标存储库，用于存储与标签物体有关的信息，使得这些信息用于以后的查询；另一个是为目标存储库提供目标存储管理的信息接口服务引擎。

（5）对象名解析服务：这是一种目录服务，它能使每个带标签产品分配的唯一编码与一个或者多个拥有关于产品更多信息的目标信息服务的网络定位地址相匹配。

3. 射频识别中间件的主要功能

射频识别中间件的主要功能是数据过滤、数据聚合、信息传递，具体介绍如下。

（1）数据过滤。SAVANT 接收来自读写器的海量产品电子编码数据，这些数据存在大量的冗余信息，并且也存在一些错读的信息。所以要对数据进行过滤，消除冗余数据，过滤掉"无用"信息以便传送给应用程序或上级 SAVANT "有用"的信息。冗余数据包括在短期内同一台读写器对同一个数据进行重复上报，如在仓储管理中，对固定不动的货物重复上报，在进货、出货的过程中，重复检测到相同物品；多台临近的读写器对相同数据都进行上报，读写器存在一定的漏检率，这和阅读器天线的摆放位置、物品离阅读器远近、物品的质地都有关系。通常为了保证读取率，可能会在同一个地方相邻摆放多台阅读器，这样多台读写器将监测到的物品上报时，可能会出现重复。除上述问题外，很多情况下用户可能还希望得到某些特定货物的信息、新出现的货物信息、消失的货物信息或者只是某些地方的读写器读到的货物信息。用户在使用数据时，希望最小化冗余，尽量得到靠近需求的准确数据，这就要靠 SAVANT 来解决。对于冗余信息的解决办法是设置各种过滤器处理。可用的过滤器有很多种，典型的过滤器有四种：产品过滤器、时间过滤器、产品电子编码过滤器和平滑过滤器。产品过滤器只发送与某一产品或制造商相关的产品信息，也就是说，过滤器只发送某一范围或方式的产品电子编码数据。时间过滤器可以根据时间记录来过滤事件，例如，一个时间过滤器可能只发送最近 10 min 内的事件。产品电子编码过滤器可以只发送符合某个规则的产品电子编码。平滑过滤器负责处理那些出错的情况，包括漏读和错读。根据实际需要过滤器可以像拼装玩具一样被一个接一个地拼接起来，以获得期望的事件。例如，一个平滑过滤器可以和一个产品过滤器结合，将对反盗窃应用程序感兴趣的事件分离出来。

（2）数据聚合。从读写器接收的原始射频识别数据流都是些简单零散的单一信息，为了给应用程序或者其他的射频识别中间件提供有意义的信息，需要对射频识别数据进行聚合处理。可以采用复杂事件处理（Complex Event Processing，CEP）技术来对射频识别数据进行处理以得到有意义的事件信息。复杂事件处理是一个新兴的技术领域，用于处理大量的简单事件，并从其中整理出有价值的事件，可帮助人们通过分析诸如此类的简单事件，并通过推断得出复杂事件，把简单事件转化为有价值的事件，从中获取可操作的信息。在这里，利用数据聚合将原始的射频识别数据流简化成更有意义的复杂事件，如一个标签在读写器识读范围内的首次出现及它随后的消失。通过分析一定数量的简单数据就可以判断标签的进入事件和离开事件。聚合可以用来解决临时错误读取所带来的问题，从而实现数据平滑。

（3）信息传递。经过过滤和聚合处理后的射频识别数据需要传递给那些对它感兴趣的实体，如企业应用程序、产品电子编码信息服务系统或者其他射频识别中间件，这里采用消息服务机制来传递射频识别信息。射频识别中间件是一种面向消息的中间件，信息以消息的形式从一个程序传送到另一个或多个程序。信息可以以异步的方式传送，所以传送者不必等待回应。面向消息的中间件包含的功能不仅是传递信息，还必须包括解释数据、安全性、数据广播、错误恢复、定位网络资源、找出符合成本的路径、消息与要求的优先次序以及延伸的除错工具等服务。通过 J2EE 平台中的 Java 消息服务（JMS）实现射频识别中间件与企业应用程序或者其他 SAVANT 的消息传递的结构。

这里采用 1s 的发布 / 订阅模式，射频识别中间件给一个主题发布消息，企业应用程序和其他的一个或者多个 SAVANT 都可以订购该主题消息。其中的消息是物联网的专用语言——物理标记语言格式。这样一来，即使存储射频识别标签信息的数据库软件或增加后端应用程序或改由其他软件取代，或者增加射频识别读写器种类等情况发生，应用端都不需要修改也能进行数据的处理，省去了多对多连接的维护复杂性问题。

4. 射频识别中间件技术体系结构

在实际应用中，我们给每件产品加上射频识别标签后，在产品的生产、运输和销售过程中，不同地理位置的读写器将会不停地采集到产品电子编码的数据流，SAVANT 位于读写器和信息网络的中间位置，处理来自读写器获得的所有信息和事件流。自动识别（Auto-ID）中心提出的 SAVANT 技术体系结构是一种通用的管理产品电子编码数据的架构，它是具有一系列特定属性的程序模块或者服务，并且被集成在一起来满足不同用户的特定需求。这些程序模块设计可以支持不同群体对模块的扩展。SAVANT 连接标签识读器和企业应用程序，代表着应用程序提供一系列的计算功能，如在将数据送往应用系统之前，需要过滤、汇总、计算标签数据，压缩数据容量，减少网络流量。SAVANT 向上层转发它所关注的某些事件或者事件摘要，并且能够有效地防止错误识读、漏读和重读。由于不同的客户应用程序对产品电子编码处理的需求各不相同，为了应对应用程序的各种改进和变动，SAVANT 的构造中除了包含标准的模块外，还具有某些特定的程序模块或者服务，以供用户集成并满足他们的具体需求。

SAVANT 为程序模块的集成器，程序模块通过两个接口（读写器接口和应用程序编程接口）与外界交互。读写器接口提供与射频识别读写器的连接方法；应用程序编程接口将 SAVANT 和外部应用程序连接起来，这些应用程序通常是现有的企业运行的应用系统程序，或为新的产品电子编码应用程序，或为其他的 SAVANT 系统。应用程序编程接口是程序模块与外部应用的通用接口，在必要时，应用程序编程接口能采用 SAVANT 服务器本地协议与以前的扩展服务进行通信，或者采用与读写器协议类似的分层方法实现，其中高层定义命令与抽象语法底层实现了具体语法与协议的绑定。除了 SAVANT 定义的两个外部接口外，程序模块之间用它们自己定义的 AP 函数交互。

SAVANT 通常安装在商店、仓库、制造车间、运输车辆、本地配送中心，乃至全国性的数据中心，以实现对数据的捕获、监控和传送。典型的产品电子编码 SAVANT 系统呈树形结构，是现存在的一种典型的中间件系统架构。

这种结构的叶节点叫作 Edge SAVANT（ES），分支节点叫作 Internal SAVANT（IS）。ES 由它在网络中的逻辑位置而得名，始终处在 SAVANT 分布式网络结构的最底层，产品电子编码数据只有通过 ES 才能进入物联网的系统。它直接与射频识别读写器连接，从标签中采集产品电子编码数据，连续地捕获、监视存储数据，并且向其他的产品电子编码 SAVANT 传送。每次识读产品电子编码 SAVANT 都要保存一些信息，如标签的产品电子编码、扫描标签的读写器码、识读时间以及与产品电子编码不相关的一些信息，如读写器的地理位置和观测到的温度等。在产品电子编码 SAVANT 的逻辑等级中，IS 指内部节点，是 ES 的父节点或者上级，它除了从下属节点采集数据外，还负责产品电子编码的数据合计。

SAVANT 的程序模块可以由自动识别标准委员会定义，或者由用户和第三方生产商来定义。自动识别标准委员会定义的模块叫作标准程序模块。这些标准程序模块需要应用在 SAVANT 的所有应用实例中。其他模块可以根据用户定义包含或者不包含在一些具体实例中，这些叫作可选程序模块。这里主要介绍三个必需的标准程序模块：事件管理系统（Event Management System，EMS）、实时内存事件数据库（Real-time In-Memory Event Database，RIED）和任务管理系统（Task Management System，TMS）。

（1）事件管理系统配置在 ES 端，用于收集读取的标签信息，其主要功能是：①能够允许不同类型的读写器将信息写入适配器；②从读写器收集标准格式的产品电子编码数据；③允许过滤器对产品电子编码数据进行过滤处理；④将处理后的数据写入实时内存事件数据库或本地数据库，或通过 HTTP/JMS/SOAP 广播到远程服务器；④对事件进行缓冲，使得数据记录器、数据过滤器和适配器能够互不干扰地工作。当事件产生并传递给适配器后，被编入一个队列，从这个队列，事件自动转寄到过滤器，根据不同过滤器的定义，将不同的事件过滤出来，如时间过滤器只允许特定时间标记的事件通过。数据记录器将事件存储到数据库或者将事件传递到某种网络连接，如 Socket、Http 等。

（2）实时内存事件数据库，它是 SAVANT 特有的一种存储容器和优化的数据库，为满足 SAVANT 在逻辑网络中的数据传输速度要求而设立，用以存储"边缘 EPC SAVANT"的事件信息，维护来自读写器的信息，并提供过滤和记录时间的框架。记录器要将事件记录到数据库，但数据库通常不能在 1 s 内处理上千个事物，因此需要由实时内存事件数据库提供与数据库通信的接口，以解决访问速度匹配。

应用程序一般使用 JDBC 或本地接口访问实时内存事件数据库。实时内存事件数据库提供诸如 SELECT、UPDATE、INSERT、DELETE 等 SQL 操作，支持定义在 SQL92 中的子集，实时内存事件数据库同时还提供快照功能，以维护数据库不同时间的数据快照。

JDBC 接口：使远程的机器能使用标准的 SQL 查询访问实时内存事件数据库，并使用标准的 URL 定位实时内存事件数据库。

DML 解析器：解析 SQL 数据修改语言，包括标准 SQL 命令，是整个 SQL92DML 规范的子集。

查询优化器：将 DML 解析器的输出转化为实时内存事件数据库可查询的执行计划，定义的搜索路径用于找到一个有效的执行计划。

本地查询处理器：处理直接来自应用程序（或 SQL 解析器）的执行计划。

排序区：为本地查询处理器执行排序、分组和连接操作，采用哈希表来进行链接和分组操作，使用高效排序算法进行排序操作。

数据结构：采用"有效线程安全持久数据结构"来存储不同的数据快照，该数据结构实现持久创建新的数据快照，这种数据结构在实时内存事件数据库的实时操作中是必需的。

DDL 解析器：DDL 解析器处理计划定义文档和初始化内存模型中的不同数据结构，还提供查找定义在 DDL 中的查询路径功能。

回滚缓冲：实时内存事件数据库中执行的事物可提交或者回滚，该缓冲保持所有更新直至事物提交。

（3）任务管理系统，产品电子编码 SAVANT 使用定制的任务来执行数据管理和数据监控，通常一个任务可被看作多任务系统的一个线程，任务管理系统的功能恰似操作系统的任务管理，它把由外部应用程序定制的任务转为 SAVANT 可执行的程序，写入任务进度表，使 SAVANT 具有多任务执行功能。SAVANT 支持的任务有三种类型：一次性任务、循环性任务和永久性任务。另外，任务管理系统还要具有通常多任务操作系统所不具有的特性：①具有时间段任务的外部接口；②从冗余的类服务器中随机选择加载 Java 虚拟机的类库；③调度程序维护任务的持久化信息数据，在 SAVANT 瘫痪或任务瘫痪后能实现重启。任务管理系统简化了分布式产品电子编码 SAVANT 的维护。企业用户只需通过保障类服务器上任务的更新及与更新相关 SAVANT 上的调度任务，就可维护产品电子编码 SAVANT，但硬件和核心软件必须定期更新，如操作系统和 Java 虚拟机。

为任务管理系统编写的任务可访问所有产品电子编码 SAVANT 的工具。

任务管理系统任务可执行各种企业应用操作，如数据收集、发送或收集另一产品电子编码 SAVANT 的产品信息；实体标识语言查询，查询对象名解析服务、实体标识语言服务器随机动态 / 静态产品实例信息；远程任务调度，调度或删除另一产品电子编码 SAVANT 上的任务；告警职员，在一些定义的事件（如货架缺货、失窃、物品过期等）发生时，向相关人员发送告警；远程更新，发送产品信息给远程的供应链管理系统。

二、嵌入式中间件技术概述

嵌入式应用系统通常由嵌入式硬件平台、设备驱动程序、嵌入式操作系统和嵌入式应用程序组成。嵌入式硬件平台由具体应用硬件和接口设备构成；设备驱动程序是实现应用功能的信息软件；嵌入式操作系统运行在硬件平台上，实现系统资源的管理；嵌入式应用程序是根据应用需求来实现其功能的具体应用软件。应用程序在确定的操作系统平台上运行，通过调用操作系统的功能和硬件设备驱动程序，以及进行数据信息处理来实现其应用功能目标，从软件分层结构来看，嵌入式应用系统的基本结构是典型的 2 层结构体系，即"应用—实现"。

由于各种嵌入式应用目标的差异，以及使用的嵌入式操作系统的不同，具有同样嵌入式应用系统结构功能的嵌入式应用程序（接口数据采集、数据显示等），需要针对特定的嵌入式操作系统编程，应用开发者不但要关注具体应用的问题，而且要花费大量的精力去了解下层平台的特性，并解决所处平台之间的差异，而且编制的应用程序不能直接移植到其他操作系统上运行，使得嵌入式应用程序的开发成为瓶颈。为了能够实现对嵌入式应用产品的快速开发，适应市场需求，就需要解决应用程序在不同嵌入式操作系统上实现移植和编程代码的重用性问题。因此在这里引入了面向应用编程的中间件技术，以研究探索一条实现嵌入式应用程序开发的快捷途径，实现应用程序的可移植性和代码的重用性，提高物联网中嵌入式应用产品的开发效率和开发速度。

（一）嵌入式中间件技术的架构

嵌入式中间件由于是针对嵌入式系统的特点和资源条件进行设计的，与普通的个人计算机或服务器的中间件体系结构是有很大差异的。嵌入式中间件是介于嵌入式应用程序和操作系统、硬件平台之间的一个中间层次，它与操作系统类型和硬件平台结构无直接关系，对应用程序使用什么样的语言来实现也没有要求，它为应用程序提供一个统一规范的编程接口或请求管理机制，应用程序只需通过功能调用或请求响应来实现其应用功能。具体的嵌入式应用产品，其功能需求目标各不相同，对软硬件接口功能的要求也有差异。通过定义一组面向应用编程的，具有标准应用程序接口，为嵌入式应用软件的开发建立一个能够在不同操作系统平台和硬件平台上运行的具有层次结构好、模块化程度高的通用扩展接口，形成一个嵌入式中间件的基本架构。要实现这一目标，必须做到两点：一是建立一个标准化的面向应用编程的接口规范，为应用程序提供直接、透明的系统调用功能和操作系统的功能扩展；二是将标准化的编程接口，构建成能够满足多种硬件平台、独立于操作系统、代码可移植和重用的开发工具集，即应用编程中间件。

在对嵌入式操作系统的应用中，针对嵌入式操作系统具有可裁减、可封装的特性，分析明确了构建面向应用编程的嵌入式中间件的技术路线之后，关键在于实现中间件的方法，将应用的各种功能需求抽象出来，建立一个标准化的面向应用编程的接口规范，屏蔽操作系统的底层具体细节，特别是能够屏蔽不同的操作系统之间的差异。通过调用规范的系统功能调用接口，能够大幅度地降低开发难度，提高应用程序的可移植性、可维护性和可继承性。作为嵌入式的操作系统，其通常由一个基本的内核组成，为用户提供任务管理、内存管理、文件管理和设备驱动等基本功能，根据具体的应用需求进行相应的扩充，如 Linux 和 Win-CE 都是如此。将操作系统扩展层功能和系统调用功能设计成为应用程序和操作系统之外的一个嵌入式中间层，使其对应用程序具有通用的功能调用编程接口，对操作系统或硬件具有实现其功能调用的硬件设备驱动和资源协调功能，这就使得在进行应用软件设计时，仅需要关心为实现硬件设备驱动和资源协调所对应的功能调用编程接口，不需要了解设备驱动和资源协调具体的操作步骤与控制机理，这就降低了嵌入式应用程序编程的难度，应用开发过程变得快捷，程序代码的复用程度提高。

（二）嵌入式中间件技术的架构设计

面向应用编程的嵌入式中间件设计思路，主要是参考可移植操作系统接口（Portable Operating System Interface of UNEX，POSIX）的结构原理和最低限度 CORBA 规范的设计思想来进行构建的。可移植操作系统接口定义了操作系统应为应用程序提供规范的接口和系统调用集的方法；最低限度 CORBA 提出了分布式应用的互操作性、平台无关性、语言无关性的中间件设计方法；同时采用编程组件（Component）技术来实现面向应用编程组件库的设计。

要构建嵌入式中间件，可以通过两种模式来实现。一种是将应用编程中间件与操作系统基本内核进行编译封装，形成一个虚拟的嵌入式操作系统，实现应用程序与操作系统直接功能调用，这种方式与操作系统耦合度紧密，运行效率较高，但对操作系统的依赖程度过大，不能完全独立于操作系统，对不同的操作系统需要进行大量的优化修改工作。另一种模式是将应用编程中间件作为一个独立的软件包运行，形成一个包含标准应用编程接口功能的管理协调的运行环境，实现应用程序与操作系统之间的代理调度机制。这种方式与操作系统独立开来，可以运行在不同的操作系统平台上，但对不同的操作系统，需要对与操作系统交互的接口调度机制进行优化和改进。

（1）虚拟操作系统（Virtual Operating System，VOS）模式。在应用程序与操作系统之间构建具有可移植操作系统接口标准的面向应用程序编程接口，在嵌入式操作系统基本功能接口的基础上，对这些接口功能采取先实现一个最小的操作系统内核，然后根据应用具体要求，对操作系统进行相应的应用功能扩充，形成一个既包括操作系统基本功能调用，又具有操作系统应用功能扩展的独立于操作系统内核的一个嵌入式中间层，然后对中间层和操作系统内核进行封装，形成一个虚拟操作系统的中间件。

该中间层的基本功能和扩展功能就可以作为通用编程接口函数提供给应用编程人员供其直接调用。当用户程序需要访问系统的硬件资源（如建立数据通信、I/O数据采集、输出驱动控制等）时，采用接口驱动功能模式；用户程序发出系统功能调用申请，中间件层接收请求后，根据请求的实现目标，向操作系统提交服务需求，操作系统协调硬件资源后，向用户程序返回所需的信息。

（2）组件调用代理模式。将嵌入式应用涉及的设备驱动、功能调用以及相关应用编程接口用组件的形式表现出来，形成标准化的面向应用编程组件库（Application Programming Component，APC），同时在应用程序端建立起组件调用的代理机制，在操作系统端构建功能组件调用管理机制。形成一个具有独立运行管理功能的中间件层，由这个中间件层来实现应用程序与嵌入式操作系统之间的请求代理和功能调度，从而完全实现应用程序的可移植性、可维护性和可继承性，同时也实现了对不同操作系统底层系统功能的直接调用。当应用程序要实现一个应用功能时，将应用请求发送给中间件，中间件根据应用程序请求，通过调用代理机制，代理执行面向应用编程组件，来实现对操作系统的功能调用，完成嵌入式应用功能，并将结果信息通过调用代理机制返回给应用程序。

（三）数字电视中间件技术

数字电视中间件是数字电视机顶盒的软件平台，为数字电视的应用提供运行环境和软件接口，即位于数字电视内部操作系统与应用程序之间的软件部分，它以应用程序编程接口的形式存在。数字电视机顶盒不仅要接收数字化传输的视音频节目，还要接收大量的数据，同时数字电视还要实现交互功能，这就要求数字电视机顶盒具有一定的信息处理能力和网络通信能力。面对大量涌现的数据业务和交互业务，一个通用的软件平台是必需的。采用中间件系统，可以跨越硬件、技术等复杂的内容，让数字电视应用软件开发商用统一的方法定制具有自己特色的应用软件，从而在提高开发效率、减少开发成本的同时能够跟上技术的发展，将应用的开发变得更加简捷，使产品的开放性和可移植性更强。

1. 数字电视中间件技术的特点

从数字电视中间件系统结构来看，中间件所处的位置决定了其软件系统的构成具有如下特点。

（1）交互性：支持双向交互和不许回转的本地交互，支持有低端的基本业务到高端的交互业务。

（2）移植性：就是要求中间件软件具有平台无关性，一方面能够独立运行于任何硬件平台，另一方面它所提供的驱动层的接口能够在大多数硬件平台上使用。

（3）稳定性：一个成功的平台在技术和市场上必须具有稳定的生命周期，基本的业务平台应稳定持续而且具有良好的可扩展能力。

（4）采用通用的应用程序编程接口：采用统一的应用程序编程接口方式，要支持实时流的应用、下载和本地存储等；广播商和应用提供商能够自己开发应用；支持业务数据提取；使用户终端制造商能够以体现自身特点的方式使用。

2. 数字电视中间件技术的系统结构

由于 Java 技术已经成为国内外数字电视中间件标准中选用的核心技术之一，目前国内外成熟的数字电视中间件产品几乎无一例外地采用了 Java 技术。因为 Java 语言具有跨平台性、安全性、可扩展性、易用性，并且升阳（Sun）公司提供了 Java 的开放源代码。基于 Java 语言的应用软件能够在不同的设备上运行，无论是用户使用的个人计算机，还是数字机顶盒，Java 技术都为交互式数字电视的开发提供了方便。

我国制定的数字电视中间件标准明确指出，中间件系统要求采用 Java 虚拟机，并且提供 Java 应用程序编程接口，使用 Java 语言编制交互式使用。根据该标准，结合有线数字机顶盒的硬件环境和操作系统的特征，借鉴国内外中间件产品，有人提出了一种基于有线机顶盒的数字电视中间件的实现方案，该方案采用了 Java 技术，使用 J2ME 中的连接设备配置（Connected Device Configuration，CDC）、个人简表，使用 Java TV 应用程序接口。

（1）硬件层：此层是有线机顶盒的硬件环境，主要采用 ST 公司的 SU5516 芯片，CPU 为 ST20-C2。

（2）系统层：此层包括 OS20 实时操作系统和设备驱动程序。OS20 为 Java 平台（连接设备配置）的虚拟机和类库的运行提供系统级的支持。设备驱动程序控制硬件设备，为个人简表和 Java TV 应用程序编程接口提供支持。

（3）中间件层：此层包括 Java 平台（连接设备配置）和 Java 应用程序的接口，它为 Java 应用程序的运行提供了完整的 Java 环境。其中 Java 应用程序标准接口包括个人简表和 Java TV AH。

（4）应用层：此层利用中间件层提供的标准接口开发丰富的 Java 应用软件，向用户提供交互式电视节目。

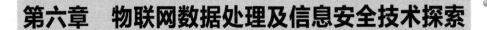

第六章 物联网数据处理及信息安全技术探索

随着物联网的快速发展，加之互联网的普及，各种物品接入互联网成为可能，这给人们的日常生活带来了极大的便利，同时又极大地促进了社会经济的发展。本章从物联网数据实体标记语言、物联网信息安全概述、云计算与物联网智能决策技术和物联网信息安全关键技术四个维度出发，对物联网数据处理技术展开深入的探索。

第一节 物联网数据实体标记语言

一、实体标记语言概述

（一）实体标记语言的含义

世界上的事物千千万万，未来的产品电子编码物联网也将会庞大无比；自然物体会发生一系列事件，而附着的产品电子编码标签中也只是存储了产品电子编码一串数字字符而已。如何利用产品电子编码在物联网中实时传输这些产品电子编码所代表的自然物体所发生的事件信息，产品电子编码物联网通信语言的问题值得我们去思考。现有的可扩展标识语言（XML）是一种简单的数据存储语言，它仅仅展示数据且极其简单，任何应用程序都可对其进行读写，这使得它很快成为计算机网络中数据交换的唯一公共语言。可扩展标识语言描述网络上的数据内容及结构的标准，对数据赋予上下文相关功能。它的这些特点非常适合于物联网中的信息传输。为此，在可扩展标识语言的基础上发展了更适合于物联网的实体标记语言。

阅读器扫描到产品电子编码标签后，将读取的标签信息及传感器信息传递给 SAVANT，经 SAVANT 过滤冗余信息等处理后通过对象名解析服务送到产品电子编码信息服务器。企业应用软件可通过对象名解析服务访问产品电子编码信息服务器获取此产品的相应信息，也可通过 SAVANT 经过安全认证后访问企业伙伴的产品信息。物联网上所有信息皆以实体标记语言文件格式来传送，其中实体标记语言文件可能还包括了一些实时的时间信息、传感器信息。

（二）实体标记语言的设计理念

现实生活中的产品丰富多样，很难用一个统一的语言来客观描述每一个物体。然而，自然物体都有着共同的特性，如体积、质量；企业个人交易时有着时间、空间上的共性。自然物体的一些相关信息（如生产地、保质期）不会变化。同时产品电子编码物联网是建立在现有的互联网上的。为此，作为描述物体信息载体的实体标记语言，其设计有着独特的要求。

（1）开发技术。实体标记语言首先使用现有的标准（如 XML、TCP/IP）来规范语法和数据传输，并利用现有工具来设计编制实体标记语言应用程序。实体标记语言需提供一种简单的规范，通过默认的方案，使方案无须进行转换，即能可靠传输和翻译。实体标记语言对所有的数据元素提供单一的表示方法，如有多个对数据类型的编码方法，实体标记语言仅仅选择其中的一种，如日期编码。

（2）数据存储和管理。实体标记语言只是用在信息发送时对信息区分的方法，实际内容可以以任意格式放在服务器（SQL 数据库或者数据表）中，即不必一定以实体标记语言格式存储信息。企业应用程序将以现有的格式和程序来维护数据，如 Aaplet 可以从互联网上通过对象名解析服务来选取必需的数据，为便于传输，数据将按照实体标记语言规范重新进行格式化。这个过程与 DHTML 相似，也是按照用户的输入将一个 HTML 页面重新格式化。此外，一个实体标记语言"文件"可能是多个不同来源的文件和传送过程的集合，因为物理环境所固有的分布式特点，使得实体标记语言"文件"可以在实际中从不同的位置整合多个实体标记语言片段。

二、实体标记语言的应用前景

产品电子编码物联网系统的一个最大好处在于自动跟踪物体的流动情况，这对企业的生产及管理有着很大的帮助。从实体标记语言信息在产品电子编码系统中的流通情况，可以看出实体标记语言最主要的作用是作为产品电子编码系统中各个不同部分的一个公共接口，即 SAVANT、第三方应用程序、存储商品相关数据的实体标记语言服务器之间的共同通信语言。

实体标记语言简洁明了，所有的实体标记语言标签都能够容易地被理解。同时实体标记语言独立于传输协议及数据存储格式，且不需其所有者的认证或处理工具。在 SAVANT 将实体标记语言文件传送给 EPC-IS 或企业应用软件后，这时企业管理人员可能要查询某些信息。

信息化是 21 世纪各行业的重要发展趋势，电子商务、电子政务、远程医疗、远程教育等基于网络技术的应用发展迅速。高度网络化的产品电子编码物联网系统，意在构造一个全球统一标识的物品信息系统，它将在超市、仓储、货运、交通、溯源跟踪、防伪防盗等众多领域和行业中获得广泛的应用和推广。物联网中的信息载体采用实体标记语言，同其他任何语言一样，实体标记语言不是一个单一的标准语言，它应随着时代的变化而发展。

第二节　物联网信息安全概述

自 2009 年以来，"智慧地球"概念炙手可热，物联网的有关内容大量在人们的视野中出现。然而，随着物联网发展进入物物互联阶段，由于其设备数量庞大、复杂多元，缺少有效监控，节点资源有限，结构动态离散，安全问题日渐突出，除面对互联网和移动通信网络的传统网络安全挑战之外，还存在着一些特殊安全挑战，如果不未雨绸缪，必将阻碍其发展进程。因此，虽然物联网的应用，可以使人与物的交互更加方便，给人们带来诸多便利，但在物联网的应用中，如果网络安全没有保证，那么个人隐私、物品信息等随时有可能被泄露。而且如果网络不安全，物联网的应用为黑客提供了远程控制他人物品，甚至操纵城市供电系统，夺去机场管理权的可能性。不可否认，物联网在信息安全方面存在很多问题。根据物联网的上述特点，除了面对一些通信网络的传统网络安全问题之外，还存在着一些与已有移动网络安全不同的特殊安全问题，这是由于物联网是由大量的设备构成，而相对缺乏人的管理和智能控制造成的。

在我国，随着人们对物联网理解的不断加深，物联网的内涵进一步明朗。在 2009 年的百家讲坛上，中国移动总裁王建宙指出，物联网应该具备三个特征：一是安全感知；二是可靠传递；三是智能处理。尽管对物联网的概念还有一些其他的不同描述，但内涵基本相同。因此我们在分析物联网的安全性时，也相应地将其分为三个逻辑层，即感知层、传输层和处理层。除此之外，在物联网的综合应用方面还应该有一个应用层，它是对智能处理后的信息的利用。在某些框架中，尽管智能处理应该与应用层被作为同一个逻辑层进行处理，但是从信息安全角度考虑，将应用层独立出来更容易建立安全架构。

其实针对物联网的几个逻辑层，目前已经有很多针对性的密码技术和解决方案。但需要说明的是，物联网作为一个应用整体，各个层独立的安全措施不足以提供可靠的安全保障。而且物联网与几个逻辑层所对应的基础设施之间还存在很多本质的区别。最基本的区别可以从以下几点看到。

（1）已有的传感器网络（感知层）、互联网（传输层）、移动网（传输层）、安全多方计算、云计算（处理层）等一些安全解决方案在物联网环境下可能不再适用。首先，物联网所对应的传感网的数量和终端物体的规模是单个传感网所无法相比的；其次，物联网所连接的终端设备或器件的处理能力将有很大差异，它们之间可能需要相互作用；最后，物联网所处理的数据量将比现在的互联网和移动网都大得多。

（2）即使分别保证感知层、传输层和处理层的安全，也不能保证物联网的安全。这是因为物联网是融几个层于一体的大系统，许多安全问题来源于系统整合；物联网的数据共享对安全性提出了更高的要求；物联网的应用将对安全提出新要求，如隐私保护不属于任一层的安全需求，但却是许多物联网应用的安全需求。鉴于以上诸原因，对物联网的发展需要重新规划并制定可持续发展的安全架构，使物联网在发展和应用过程中，安全防护措施能够不断完善。

物联网一般分为三个层次：感知层、传输层和应用层。这种分层结构，决定了物联网安全机制的设计应当建立在各层技术特点和面临的安全威胁的基础之上。同时，基于物联网的三层体系结构，在这里本书将物联网的安全分为四个层次：感知层、网络层、处理层和应用层。物联网安全的核心是感知信息的安全采集、传输、处理和应用，物联网的安全模型可以描述为：安全的信息感知、可靠的数据传送和安全的信息操控。

随着基于射频识别技术的物联网快速推广和应用，其数据安全问题在某些领域甚至已经超出了原有计算机信息系统的安全边界，成为一个广泛关注的问题，主要原因如下。

（1）标签计算能力弱：射频识别标签在计算能力和功耗方面具有特有的局限性，射频识别标签的存储空间极其有限，如最便宜的存储标签只有64～128位的ROM，仅可以容纳唯一的标识符。由于标签本身的成本有限，标签自身比较难以具备足够的安全能力，极容易被攻击者操控，恶意用户可能会利用合法的阅读器或者自行构造一个阅读器，直接与标签进行通信，读取、篡改甚至删除标签内所存储的数据。在没有足够信任的安全机构保护下，标签的安全性、有效性、完整性、可用性、真实性都得不到保障。

（2）无线网络的脆弱性：标签层和读写器层采用无线射频信号进行通

信，在通信过程中没有任何物理或者可见的接触（通过电磁波的形式进行），而无线网络固有的脆弱性使得射频识别系统很容易受到各种形式的攻击。这给应用系统的数据采集提供灵活性和方便性的同时也使传递的信息暴露于大庭广众之下。

（3）业务应用的隐私安全：在传统的网络中，网络层的安全和业务层的安全是相互独立的，而物联网中网络连接和业务使用是紧密结合的，物联网中传输信息的安全性和隐私性问题也成了制约物联网进一步发展的重要因素。根据射频识别的物联网系统结构，我们把物联网的威胁和攻击分为两类：一类是针对物联网系统中的实体的威胁，主要是针对标签层、读写器层和应用系统层的攻击；一类是针对物联网中传输过程的威胁，包括射频通信层以及互联网层的通信威胁。

一、物联网的基本架构

物联网是未来科技发展的方向，是利用互联网实现物物实时信息共享、完成协调性工作的系统。物联网和计算机通信技术进行有力结合，能够提供具体物品地点、状态、工作内容、产品调度信息等，在感知层加入大量传感器，感知周围环境所处的动态信息，实现智能识别、定位、跟踪、监控、管理。国际电信联盟、欧盟委员会，以及中国物联网发展蓝皮书中，分别对物联网进行了重新定义，完成了其基本框架、体系结构的构造。

物联网由感知层、网络通信层、智能处理层三层结构构成。感知层的传感器是物联网的核心。感知层进行数据信息的全面收集、整理，观测周围环境、温度、湿度变化，具备实时监控的能力。感知层中有二维条码标签、射频识别标签、读写器、传感器网关，识别物体状态信息，收集向上层传递信息。感知层分为感知对象、感知单元、传感网络、接入网关等部分。感知对象的探测目标为天气、环境湿度、二氧化碳浓度，做好数据收集的整理工作。感知单元由一系列遥感器件、芯片传感器组合而成，再通过传感网络接入相应的网络端口，传递到网络通信层，向上做信息服务。

网络通信层是网络信息交互、共享的基础，接收传感器传送的数据信息。以计算机 / 通信网络为基本的结构构造，网络通信层为物理层、数据链路层、应用层、网络层、运输层，使用相应的网络协议（TCP/IP，HTTP），利用GSM、GPRS、4G、WLAN、宽带无线技术建成覆盖全地区的网络通信，及时对感知层物体进行操作，全面掌握物体状态信息，实现智能化管理。

智能化处理层的数据由网络通信层向上提供服务，集结云计算、大数据处理、人工智能，对数字信息及时逐一处理，对海量数据进行存储、分析处理，便于智能化管理。物联网可与门禁系统、TD、移动互联网有效结合，通过网络物物相连实现网络远程控制、触摸开关控制相结合，提高工作效率，减少工作差错。

二、物联网接入安全

物联网利用通信技术实现信息传输，感知环境信息动态变化，使用网络达到资源共享、信息流通。用户网络接入安全是急需解决的问题，用户访问安全系统必须经过认证，对用户身份进行识别、检测，以便使用户对系统资源、权限合理配置及安全调度，决定用户是否能够访问某些特殊资源，物联网快速发展，网络安全保证所访问网络资源的设备得到有效的安全机制，消除、降低安全威胁，减少危害性，提前做好预防措施。

物联网接入安全可分为节点接入安全、网络接入安全、用户接入安全。节点接入安全是以物联网中感知层传感器为中心的，由IPV4至IPV6产生大量可用IP地址，每一个可存在物体节点都有固定的IP地址。实现各个感知节点的接入，需要通过某种方式与互联网互联，达到状态信息、资源共享的目的。使用节点接入安全有两种方式：一种是代理接入方式，另一种是直接接入方式。代理接入方式是由协调节点向基站传输，由基站连入互联网，二者之间进行数据传送，感知节点收集数据传递给传感网络，再进一步向上托付数据给协调节点，协调节点再运送到基站，直至完全传递到网络，同时数据库服务器对数据进行缓存。直接接入方式是由协调节点不经过基站，直接和互联网相连，有全IP方式、重叠方式、应用网关方式，能有效保障物联网下的信息安全。

三、物联网访问控制的基本模式

访问控制能够有效防止对系统的侵入，防止重要信息泄露，遏制数据流失。访问控制是对用户合法使用资源的认证、控制。物联网存在大量数据处理、多系统、多任务的工作环境，迫切需要对用户有效的认证，访问控制主要有身份认证、授权、文件保护、审计功能，根据不同用户分配不同的系统资源，对使用的用户进行权限限制，控制用户访问的程序、数据。

访问控制所采取的原则为最小特权原则、最小泄露原则、多级安全策略原则。增加访问控制机制，有效防止信息泄露及外在陌生用户的入侵，限制用户访问。访问控制包括自主访问控制（Discretionary Acess Control，DAC）、强制访问控制（Mandatory Acess Control，MAC）、基于角色的访问控制（Role Based Access Control，RBAC）、基于属性的访问机制（Attribute Based Access

Control，ABAC）、基于任务的访问机制（Task Based Access Control，TBAC）、基于对象的访问机制（Object Based Access Control，OBAC）。基于角色的访问机制是对不同的角色分配不同的访问权限，所访问系统程度层次不同，角色和权限相互联系，用户所拥有角色越多，则访问权限越大。权限是所有角色的权限集合的并集，基于属性的访问机制是面向服务的体系结构，能够基于建立访问的控制策略，根据所关联的属性进行动态的权限授权，进行有效的权限控制。基于任务的访问机制是因任务而采取不同的权限策略，以任务为核心进行动态调度，依靠任务及任务状态，更加方便调动系统资源。基于对象的访问机制是结合用户、角色、权限形成对应集合，便于对大量用户访问，减少由信息资源的不同而造成资源权限分配的不一致。访问控制是有效控制用户访问的方式，便于对所访问用户控制，防止不明身份者入侵系统、非法访问系统资源，对合法用户进行合理的权限分配，更加便于管理系统，提高安全性。

四、物联网防火墙设计

基于网络安全结构考虑，在企业、政府机构、家庭组网中设定防火墙（Fire Wall）对于用户信息安全的保障很有必要。防火墙的设定位置介于本地网络和外部网络之间，对所经数据信息流量包进行准确检测，由于网络环境、运行的操作系统和操作版本不同，当发现一个有危害的安全漏洞、木马程序在网络中潜伏运行并影响系统正常工作，威胁正常的网络通信环境时，防火墙必须及时修复所出现的漏洞。防火墙需要一定的配置管理能力和修补漏洞能力，防止受到不明攻击。防火墙是基于主机安全的可靠替代物，由一个或多个系统组成并协调工作，提高内部网络的安全性能。

内外网交互信息的进入/流出必须经过防火墙的检测，只有得到授权的通信数据才能通过，并到达相应目的地址，达到数据传输的目的。若外部网络主机访问本地网络连接，则必须得到防火墙的安全认证，对用户的身份进行确认。防火墙还可进行服务控制、方向控制、用户控制、行为控制。服务控制是指确定进入信息，防火墙需要配置管理，修补漏洞，设置不同的访问类型，屏蔽其余不可访问的类型，有效防止外部的网络入侵，减少内部网络资源的消耗，减少关键信息的丢失和内部主机感染病毒的风险。防火墙可利用IP地址、网络协议，对所流经的信息过滤、拦截，或者借用代理软件实现大量信息管理。由于大多数网络通信采用客户/服务器模式，用户控制依靠用户所访问的服务器类型，对本地用户浏览的网页内容和申请访问服务器加以控制，阻止潜在安全威胁的服务进入或者撤离网络，对本地网络实现可靠安全管理。

防火墙为数据过滤器，对经过防火墙的数据实现管理，拒绝符合设置条件的流量包进行流动，数据交互，防止外部不明身份者的恶意攻击，减少内部网络被恶意程序代码攻击的风险。防火墙类型分为包过滤防火墙、状态检测防火墙、应用级开关、电路级开关。包过滤防火墙针对网络流通内的数据包，可根据数据包的设定规则判断处理对数据包的转发或丢弃。数据包内信息有源 IP 地址、目标 IP 地址、源和目的传输层地址，以及 IP 协议字段、接口。若存在匹配规则，则调用规则，对数据包转发或者丢弃；若不存在匹配规则，则实现默认传输，但包过滤防火墙易受到攻击、网络欺骗，外部不明身份者可对网络渗透，挖掘内部重要信息。

物联网行业迅速崛起，其应用行业广泛，有力地推动了国家金融的全面有效健康发展。物联网作为新兴产业结构，在行业规范性、信息安全管理、行业品牌化发展等方面存在瑕疵。为保持我国物联网行业良好发展势头及行业持续发展优势，物联网行业应充分发挥行业先发优势，借国家对高新技术产业政策扶持与倾斜政策，迅速形成产业标准，推进产品品牌化、产业需求现实化步伐，实现物联网行业持续良性发展，做好物联网安全建设，防范个人信息泄露，保护个人隐私安全。

第三节　云计算与物联网智能决策技术

物联网技术近些年得到了广泛应用，借助物联网实现"互联网＋"，实现人与物的互联互通，实现资源的共享等。典型的有滴滴出行借助物联网实现了车与车、车与人之间的连接，除此之外还有其他各种网络平台都可以认为是物联网技术的应用代表。但当前的物联网技术还仅仅局限在功能的实现上，需要借助各种技术提升物联网的应用层次，以便更好地服务于生产生活。而人工智能技术作为智能智慧的代表，得到了人们的关注，可以想象，一旦将人工智能技术应用于物联网实现智能物联网，则会进一步推动物联网技术向更高层的应用拓展。

本节立足于物联网技术，分析人工智能在物联网中的应用现状，为物联网的智能化的发展提供一定的参考。

通俗地讲，物联网就是将物与物连接起来，其最先起源于美国，由阿什顿（Ashton）教授提出。最开始的想法是利用信息传感技术，签订协议，利用特定的互联网域名，将世界各地的物品连接起来。在现代信息技术中，物联网是最基础的部分，它主要具有两方面的含义：一是利用互联网，对其客户

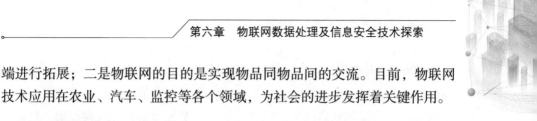

端进行拓展；二是物联网的目的是实现物品同物品间的交流。目前，物联网技术应用在农业、汽车、监控等各个领域，为社会的进步发挥着关键作用。

一、物联网关键技术概述

　　虽然物联网涉及的内容较广，但其关键技术主要有三个层面，分别是应用层、网络层、感知层。其中，感知层是最基础的层面，这一层涵盖的技术都相对成熟，如无线技术、传感技术等，这些技术已经应用到各个领域中来获知物品的信息。在物联网技术中，中间层是网络层，它起到信息传递的作用，主要将感知层获取的信息传递给应用层，网络层可以借助云技术、通信网等平台，可选择的通信技术种类较多，如可编程逻辑控制器技术、移动通信技术、Wi-Fi、蓝牙等。物联网技术的最高层是应用层，在这层中含有多个协议，大部分是依据"发布—订阅"机制，该机制在物联网系统中应用广泛，如 MQTT、AMQP、STOMP 等协议均使用该机制。在物联网信息处理中，应用层不仅仅是中心，也是用户需求同物联网相连的端口。整体来看，应用层发挥的作用是对数据进行加工、分析，从而有利于使用者进行科学决策。目前，国内物联网技术研究关注的热点主要集中在射频识别、传感器、云计算及智能技术等领域。

二、物联网智能决策技术

（一）物联网射频识别技术

　　射频识别技术，是一种通过无线电信号识别特定目标并获取相关数据的通信技术。它可以同时有效识别高速运动物体及其数据标签信息，并与移动互联网技术相结合实现全球范围内物体的定位跟踪和信息共享服务。

（二）物联网无线传感技术

　　无线传感技术，是一种通过结合移动互联网技术并集分布式信息采集、传输及处理于一体的智能传感器网络。正是通过广泛分布的物体传感器和传感网络来感知整个物质世界的。

（三）智能技术与纳米技术

　　物联网是社会信息化、科技化的一个延伸和发展，智能技术是为了实现物物交互、人与物交互，在物体中植入智能系统，使其具备智能性，能够主动或被动地实现与用户的沟通。

纳米技术是用单个原子、分子制造物质的科学技术，能操作细小到0.1~100 nm物件的一类新发展的高技术，纳米技术在物联网中的应用使得物联网由宏观走向微观，为实现物联网的"感知万物""掌控万物""以物控物"目标做好"物"的准备。

三、物联网智能决策技术的应用范围

从物联网的发展情况来看，物联网的应用使得传统行业的运作逐渐趋于精细化、数字化、智能化，展现了物联网技术带来的无限源动力与巨大的商机。在我国，目前物联网的应用主要包括智能家居、智能物流、智能电网、精细农业等领域。

（一）在智能家居领域的应用

作为一种产品，物联网智能家居服务以实现"智慧家居"为目标，以不同家庭的多元化需求为导向，重点突出日常家居智能化、安全化和快捷化。在其发展初期，可以以家庭安防、家庭关爱等为主要切入点，集众家之力发掘需求，培养用户使用习惯，培育物联网家庭市场，使得该领域的市场逐渐成熟起来。

（二）在智能物流领域的应用

在物流业中物联网主要应用在基于射频识别的产品可追溯到基于全球定位系统的智能配送可视化管理网络、全自动的物流配送中心以及基于智能配货的物流网络化公共信息平台。例如，对所运输的物品植入微型传感器，就不必担心物品的丢失，即便丢失，也能通过无线传感网络将其找到。全智能化的物流产业系统相对于传统的物流产业系统，不但最大程度上节省了人力和物力，更大大提高了速度和效率。

（三）在智能电网领域的应用

智能电网则将物联网运用在发电、输电、变电、配电和用电环节，利用物流网技术，风电、太阳能等分布式能源所产生的电源还可以接入主网以补助发电，设置不同的能源所产生的电价不同，智能电网可以监控用户的电力使用程度，并结合监控结果，赋予用户在相应电价和能源类型的范围内进行选择的权利，将来还可以大力发展智能发电器、智能电表等技术，让电力行业更具智能化。

（四）在精细农业领域的应用

在传统农业中，人们获取农田信息，对农作物进行种植、护理、收获的方式很原始，都需要人工进行操作，在操作的过程中耗费很大的人力和物力。在现代农业中，应用物联网的传感器可以实时获取农田信息，如温度、湿度、风力、大气、土壤成分、病虫灾害等，并通过无线传感网络和智能技术对相应的问题及灾害做出相应的处理，实现科学化种植，这样不但省时省力，而且使得种植过程更科学化。

人工智能属于计算机科学，指的是借助处理器实现对人的智能的模拟，并将其服务于人们的生产生活。因此，最根本的是对人类智能的研究，并探寻其本质，并将机器赋予类似于人的反应。目前，人工智能技术应用面较窄，多用于机器人等一类具有语音识别和图像识别的领域。

目前，人工智能的开发方式主要以人为参考，其根据人的思维方式进行设计，并且技术水平日益成熟，得到了大面积的应用。例如，在三层神经网络中，主要包含输入层、隐含层和输出层，输入层主要实现对数据的感知，隐含层实现对数据的深层次处理分析，输出层则是对结果进行输出表达。

四、物联网中的人工智能技术

人工智能算法主要由两部分组成：深度学习和强化学习。深度学习就是多层人工神经网络，它包括了输入层、隐含层、输出层。输入层就是机器的输入数据，如我们问它："今天天气怎么样？"，而隐藏层就是对这句话的特征提取和分析的过程，机器会结合学习结果给予较为准确的输出。强化学习相当于建立了一个机器与环境交互的过程。强化学习主要包括两个部分，一个是机器，一个是环境，机器可以借助对周围环境的学习给予特定的动作执行。

（一）车联网中的人工智能技术

智能驾驶是汽车的未来发展方向，其关键技术是利用车联网实现车与车、车与环境之间的信息交换。其中，该系统的基础由车载移动互联网、车内网等组成，依据数据交互标准，最终在行人、车、路三者之间形成信息交互，实现车辆行驶智能化。通过分析可知，车联网系统包括三个端口。

（1）端系统：该系统主要是智能传感器部门，对汽车的形式状态、周边环境等信息进行收集。该系统不仅仅是使汽车具有网络可信标识、车联网寻址等能力，也是车联网的通信终端。

（2）管系统：车联网的主要目标是实现车、网、人之间的信息互换，不同车辆之间相互组网，在异构网络之间形成通信，确保其满足网络互通性、实时性等要求。

（3）云系统：车联网中含有大量的数据，包括客运、货运、汽车租赁、汽车保险、紧急救援、汽车制造商等多个方面。

（二）工业中的人工智能技术

自从德国率先推出工业 4.0 后，相关技术也快速跟进，包括工业物联网、工业数据分析和工厂智能设备技术，其本质都是实现生产现场的自动化、智能化与智慧化。智能制造作为生产现场的更高级别要求，也给相关技术发展带来了机遇，尤其是在人工智能与工业 4.0 的交叉发展，赋予了智能制造更加强大的生命力。借助技术明确分析自动化及智动化的差异，包括机器视觉、深度学习等利用算法分析为主的人工智能技术，已成为工业 4.0 未来发展的全新趋势。这不仅让生产现场自动化技术更为精准，也助推生产车间向无人工厂全面迈进。这主要得益于以下两方面的应用。

其一，对工业物联网来说，取得数据和分析数据是核心任务，而来自传感器的数据点经过多个阶段才能转化为可操作的见解，工业物联网平台则包括可扩展的数据处理流程，能够处理需要立即关注的实时数据和历史数据。

其二，人工智能应用于制造业，可让系统从生产大数据分析并找出规律，进而避免前面发生的错误，甚至做到提前预测，不仅可以提高产品质量，还可适时做出产线调整，为生产过程的优化提供有力措施。

（三）医疗领域的人工智能技术

在医疗领域中，越来越多的技术涉及人工智能。如京东方科技集团股份有限公司（BOE），该公司将人工智能技术、显示技术以及医学相结合，打造信息化、智能化的医学服务，从而实现智慧健康的目标。同时为方便对健康状态的实时监测，部分健康设备也借助物联网实现了相互连接，为深层次对人体健康状态的观察提供了技术基础。有的智能健康设备实现了智能化管理，如对人体健康数据的可视化处理，并结合对数据的分析给予针对性的诊断意见，实现了与专家系统的连接，并借助人工智能技术确保诊断的准确与高效。

物联网的智能化技术下一阶段的发展方向，即在原有的实现互联互通基础之上，借助人工智能实现智能应用。本书主要结合物联网概念以及车联网、工业物联网和健康设备物联网中的人工智能技术应用状况，分析人工智能在物联网的发展趋势。除此之外，如手机的刷脸支付、小度语音导航等已经初步得到应用，这些技术不仅仅使我们的生活更加方便快捷，也促进了计算机科学的发展。人工智能技术往往处于互联网科技中的领先位置，换句话说，人工智能的发展将影响着未来科技的走向。与此同时物联网技术在连接所有的物的应用过程中将借助人工智能技术实现在众多领域的突破，并将朝着智能物联网方向发展，为人类技术进步提供技术基础。

物联网智能是将人工智能技术服务于物联网络的技术，是将人工智能的理论方法和技术通过具有智能处理功能的软件部署在网络服务器中，服务于接入物联网的物品设备和人。物联网智能化也要研究解决三个层次的问题：网络思维，具体来讲是网络思维、网络学习、网络诊断等；网络感知，让网络像人一样能感觉到气味、颜色、触觉；网络行为，研究网络模拟、延伸和扩展的智能行为（如智能监测、智能控制等行为）。

将人工智能技术的研究成果应用到物联网中，以及将单一机器的智能处理技术应用到物联网的智能处理是实现物联网的智能化的必经之路，也是物联网技术的核心。物联网智能化的目的是在更广的空间范围内集中、规模化地利用智能化的网络来处理或管理社会的一些基础设施或行业服务，从而达到整个社会管理智能化的目的。

（1）智能物联网概念。智能物联网能够对接入物联网的物品设备产生的信息实现自动识别和处理判断，并能将处理结果反馈给接入的物品设备，同时能根据处理结果对物品设备进行某种操作指令的下达，使接入的物品设备做出某种动作响应，而整个处理过程无须人的参与。

物联网就是以实现智能化识别、定位、跟踪、监控和管理的一种网络来定义的。但是在目前的实际应用过程中，往往忽略了物联网的智能化本质。也就是说，物联的核心技术是智能化，而不仅仅是接入的传感器、网络传输或者是哪个行业的应用。

（2）智能物联网的实现途径。要实现物联网智能化，就必须让人工智能成为物联网的大脑。智能化物联网中必要的构成要素为智能化感知终端、传输网络，以及具有人工智能的数据处理服务器提供智能管理。可以理解为把若干个智能机器人进行了分布式部署，将智能机器人的传感器、动作部件放在远端，而将智能机器人的大脑作为大型数据处理服务器放在网络上，从而实现多个智能机器协同处理控制远端的传感器或动作部件的目的。无论是物联网的使用者还是接入物联网的设备，都可以通过互联网来接收和发送数据，充分利用互联网的数据共享特性。

（3）物联网中的人工智能技术。如问题求解、逻辑推理证明、专家系统、数据挖掘、模式识别、自动推理、机器学习、智能控制等技术。通过对这些技术的应用，使物联网具有人工智能机器的特性，从而实现物联网智能处理数据的能力。特别是在智能物联网发展初期，专家系统、智能控制应该首先被应用到物联网中去，使物联网拥有最基本的智能特性。

物联网专家系统是指在物联网上存在一类具有专门知识和经验的计算机智能程序系统或智能机器设备（服务器），通过网络化部署的专家系统来实现物联网数据的基本智能处理，以实现对物联网用户提供智能化专家服务功能。物联网专家系统的特点是实现对多用户的专家服务，其决策数据来源于物联网智能终端的采集数据。

在物联网的应用中，控制将是物联网的主要环节，如何在物联网中实现智能控制将是物联网发展的关键。智能控制技术移植到物联网领域将极大丰富物联网的应用价值，接入物联网的设备将接受来自物联网的操作指令，实现无人参与的自我管理和操作。

在物联网的智能控制应用中智能控制指令主要来自接入物联网的某一个用户或某一类用户，以实现该类用户的无人值守工作。

第四节　物联网信息安全关键技术

一般而言，对于物联网这个多网络融合的一种网络，和网络不同层次均有着涉及，网络独立性特点的体现，结合多种安全性的技术，注重移动通信网络的实现。

一、密钥管理技术解析

对于密钥系统而言，密钥管理是最基本的安全设计部分，对于感知信息的隐私保护有着积极作用。物联网安全问题不同于互联网，互联网的安全主要是开放式管理的基本模块设计，但是这种管理缺乏相对完善的管理过程。对于移动通信网的形式，有着一种集中式的管理过程。在计算资源的局限下，无线传感器的网络对密钥系统有着较多的要求。物联网的密钥管理，就要对多网络的密钥统一管理系统建立，集合物联网的体系结构，对传感器网络密钥管理存在的问题及时解决，做好密钥的合理分配和更新过程。密钥管理系统的实现，主要有集中式管理过程和分布式管理过程。对于集中式管理过程，往往是结合互联网中心，做好互联网密钥的有效分配，实现物联网的密钥管理。

基于网络中心的一种分布式管理过程，注重移动通信网络的有效性解决，结合传感器网络环境的各种要求，将层次性的网络结构逐步形成。无线传感器网络的一种密钥管理系统，结合系统的主要涉及过程，注重有线网络资源的无线网络形式，对无线传感器网络传感节点合理限制，这种安全需求的保障，对密钥的安全性的有效保证，实现了对称密钥系统方法的应用。基于分配方法的密钥分配方式，主要有三种。第一种是密钥分配中心方式，第二种是预分配方式，第三种是分组分簇方式。对于非对称的密钥系统，在物联网环境的运行下，密钥管理系统的融合难以实现，而对于非对称密钥系统的无线传感器网络的融合，更要做好邻居节点的有效认证，将其他网络的一种密钥管理系统实现融合。

二、安全路由协议解析

对于物联网的路由器而言，往往需要跨越多类网络。当源节点 S 有一个报文发送给目的节点 D 且缓存中没有与 D 间的有效路由时，广播一个路由请求报文（RREQ）。其中源节点标识为 IDS，目标节点标识为 IDD。SEQ 为数据包分组的序列号，Tmin 为源节点对路由过程中经过节点的信任度最低要求。生存时间（Time to Live，TTL）为数据包广播时的最大跳数。结合 SEQ 以及路由表查看是否已处理过此消息；利用生存时间查看该请求是否已经失效；将转发该路由请求的邻居节点及其信任度记录在前跳列表（Prehop List）中；将自己加入路由表中，修改生存时间，转发该报文。在分簇结构的物联网中，针对簇成员节点和簇头节点转发路由的情况，若簇成员 n 收到 S 的路由请求报文，路由回复过程，目标节点 D 在收到第一个路由请求报文后，设置一个时间阈值，对超过该时间到达的路由请求进行丢弃，处理余下请求。

这样可获得多条由 S 到 D 的路由路径。根据路由表，以单播的形式发送路由回复报文到源节点。支持身份鉴别、数字签名和数据完整性验证，而且安全路由器提供的硬件加密比软件加密有更好的传输效率与安全性。基于多网融合的一种路由问题，注重传感器网络路由相关问题的直接有效性解决。在身份标识的映射阶段，实现地址的统一性分析。传感器网络的设计过程，注重计算资源局限性的特点，使得设计的安全路由算法有着抗攻击性。物联网无线传感器网络的协议应用过程，结合攻击性的主要特点，往往有着多种分类。不仅仅有着虚假路由信息攻击的形式，同时也伴有确认攻击等形式。基于无线传感器网络的数据传送过程，结合有效性的路由技术，实现路由算法实现方法的合理划分，并实现数据中心路由的合理发展，推动层次性路由的应用。

　　总而言之，物联网的安全发展，更要结合物联网的安全需求，做好安全架构的设计。在传感器网络资源局限性被突破的同时，加强传感器网络的安全研究，对物联网安全体系建立，实现开放性的物联网安全体系结构，并注重物联网隐私保护模式的应用，实现终端安全功能的应用，保证物联网的安全。

参考文献

[1] 纳亚克，等. 无线传感器及执行器网络可扩展协同数据通信的算法与协议 [M]. 郎为民，等译. 北京：机械工业出版社，2012.

[2] 三宅信一郎. RFID 物联网世界最新应用 [M]. 周文豪，译. 北京：北京理工大学出版社，2012.

[3] 陈勇，罗俊海，朱玉全，等. 物联网技术概论及产业应用 [M]. 南京：东南大学出版社，2013.

[4] 邓谦，曾辉. 物联网工程概论 [M]. 北京：人民邮电出版社，2015.

[5] 鄂旭. 物联网概论 [M]. 北京：清华大学出版社，2015.

[6] 黄玉兰. 物联网概论 [M]. 北京：人民邮电出版社，2011.

[7] 李建平. 物联网概论 [M]. 北京：中国传媒大学出版社，2015.

[8] 李蔚田. 物联网基础与应用 [M]. 北京：北京大学出版社，2012.

[9] 梁德厚，张爱华，徐亮. 物联网概论与应用教程 [M]，北京：北京邮电大学出版社，2014.

[10] 林兴志，杨元利. 物联网技术与新一代办公自动化 [M]. 长沙：中南大学出版社，2013.

[11] 刘平. 自动识别技术基础 [M]. 北京：清华大学出版社，2013.

[12] 宁焕生. RFID 重大工程与国家物联网 [M]. 北京：机械工业出版社，2010.

[13] 苏万益. 物联网概论 [M]. 郑州：郑州大学出版社，2014.

[14] 唐文彦. 传感器 [M]. 4 版. 北京：机械工业出版社，2011.

[15] 田景熙. 物联网概论 [M]. 南京：东南大学出版社，2010.

[16] 魏曼，王平. 物联网导论 [M]. 北京：人民邮电出版社，2015.

[17] 吴功宜，吴英. 物联网工程导论 [M]. 北京：机械工业出版社，2012.

[18] 谢昌荣，曾宝国，汤平，等. 物联网技术概论 [M]. 重庆：重庆大学出版社，2013.

[19] 杨刚，沈沛意，郑春红. 物联网理论与技术 [M]. 北京：科学出版社，2010.

[20] 元昌安. 数据挖掘原理与 SPSS Clementine 应用宝典 [M]. 北京：电子工业出版社，2009.

[21] 詹国华. 物联网概论 [M]. 北京：清华大学出版社，2016.

[22] 詹青龙，刘建卿. 物联网工程导论 [M]. 北京：清华大学出版社，2012.

[23] 张福生. 物联网：开启全新生活的智能时代 [M]. 太原：山西人民出版社，2010.

[24] 曾实现，薛蕊，陈江波. 基于物联网 RFID 技术的导引系统设计与研究 [J]. 现代电子技术，2017，40（19）：22-24.

[25] 陈勇. 物联网 2.0 时代的新一代网关技术探究 [J]. 单片机与嵌入式系统应用，2016，16（9）：15-18，22.

[26] 黄友文. 基于 RFID 及物联网技术的茶叶溯源系统研究 [J]. 保鲜与加工，2016（4）：112-117.

[27] 姜迪清，张丽娜. 基于云计算和物联网的网络大数据技术研究 [J]. 计算机测量与控制，2017，25（11）：183-185，189.

[28] 李海威. 基于云计算的物联网数据网关的建设研究 [J]. 计算机技术与发展，2018，28（1）：188-190.

[29] 练俊君，张皓栋，张椅，等. 工业物联网创新思考 [J]. 自动化仪表，2018，39（6）：39-42.

[30] 刘颖. LTE 技术下的物联网过载控制系统设计及应用 [J]. 机械设计与制造工程，2017，46（9）：63-65.

[31] 马文娟，刘坚，蔡寅，等. 大数据时代基于物联网和云计算的地震信息化研究 [J]. 地球物理学进展，2018，33（2）：835-841.

[32] 牟萍. 基于物联网、云技术和大数据的高校智能化教学环境构建 [J]. 重庆师范大学学报（自然科学版），2017，34（5）：81-86.

[33] 王远，陶烨，袁军，等. 一种基于 HBase 的智能电网时序大数据处理方法 [J]. 系统仿真学报，2016，28（3）：559-568.

[34] 张建强，张高毓. 区块链技术在物联网中的应用分析 [J]. 电信科学，2018（1）：104-110.

[35] 张玉清，周威，彭安妮. 物联网安全综述 [J]. 计算机研究与发展，2017，54（10）：2130-2143.

[36] 赵会群，李会峰，刘金銮. RFID 物联网复杂事件模式聚类算法研究 [J]. 计算机应用研究，2018，35（2）：331-341.

[37] 赵妍，苏玉召. 一种批量数据处理的云存储方法 [J]. 科技通报，2017，33（7）：81-85..